机场道面设计原理与方法

史　超　刘荣鸿　编著

人民交通出版社股份有限公司
北　京

内 容 提 要

本书系统回顾总结了肇始于美国工程兵团，后又经美国联邦航空局大力发展的机场道面设计原理与方法。全书分为原理与方法两部分，前半部分着重介绍"方法"，包括飞机作用次数、力学响应、疲劳损伤累积因子、道面等级号等要素的计算方法，以及四种道面结构（柔性道面、刚性道面、刚性道面上的水泥混凝土加铺层、刚性道面上的沥青加铺层）的设计方法；后半部分侧重介绍设计方法背后的经验性"原理"——美国机场道面试验中心建成之后，迄今为止为改进道面设计方法而实施的数轮足尺试验的主要成果，包括道面结构的损坏模式、刚性道面的结构状况模型、疲劳方程、超载效果、道面结构设计程序的标定与验证、接缝表现、加铺层力学行为、复合式道面沥青加铺层的反射裂缝破坏机制。

本书主要面向从事机场或公路相关专业的工程技术或管理人员阅读，也可供广大高校相关专业学生学习参考。

图书在版编目（CIP）数据

机场道面设计原理与方法 / 史超，刘荣鸿编著. —
北京：人民交通出版社股份有限公司，2023.12
ISBN 978-7-114-19095-7

Ⅰ.①机… Ⅱ.①史… ②刘… Ⅲ.①飞机跑道—路
面设计 Ⅳ.①V351.11

中国国家版本馆 CIP 数据核字（2023）第 223073 号

Jichang Daomian Sheji YuanLi yu Fangfa

书 　 　 名：机场道面设计原理与方法
著 作 者：史　超　刘荣鸿
策 划 编 辑：李　沛
责 任 编 辑：李　沛　师静圆
责 任 校 对：孙国靖　卢　弦
责 任 印 制：张　凯
出 版 发 行：人民交通出版社股份有限公司
地 　 　 址：（100011）北京市朝阳区安定门外外馆斜街 3 号
网 　 　 址：http：//www.ccpcl.com.cn
销 售 电 话：（010）59757973
总 经 销：人民交通出版社股份有限公司发行部
经 　 　 销：各地新华书店
印 　 　 刷：北京市密东印刷有限公司
开 　 　 本：787×1092　1/16
印 　 　 张：12.75
字 　 　 数：302 千
版 　 　 次：2023 年 12 月　第 1 版
印 　 　 次：2023 年 12 月　第 1 次印刷
书 　 　 号：ISBN 978-7-114-19095-7
定 　 　 价：80.00 元

（有印刷、装订质量问题的图书，由本公司负责调换）

序 PREFACE

以绿色低碳耐久为目标　高效优质建设好我国的机场道面

21世纪以来,我国的民用机场建设事业取得了巨大成就,大批新建、改扩建机场大大提升了民航基础设施条件,航空运输在综合交通运输体系中的地位日益凸显。当前,我国已成为机场建设规模最大、航空货运量增长最快的国家,未来机场建设的任务仍然十分繁重,需要科技人员和建设工作者围绕国家"交通强国"战略,积极开展科技创新,通过新材料、新结构、新设计理论和新建设工艺,使得新建机场道面能够适应航空运输发展的需要。

回顾我国机场道面设计与建设的发展历程,认真分析机场道面使用面临的新形势和新任务,我国迫切需要建立现代机场道面建设的成套关键技术。当前面临的形势主要包括:

(1)随着现代飞机机型逐步大型化,大型货机、双通道大型飞机发展快、增量多,胎压增高,道面结构的轮载力学响应更为复杂,承受的应力、应变显著增大。

(2)我国是航空运输发展最快的国家,大型机场日渐繁忙,这体现在旅客运输量、货物运输量、飞机起落架次等都在快速增加,机场建设任务量巨大,道面病害也日益突出,迫切需要在机场道面的材料、结构、设计和施工工艺等领域进行技术创新。旧道面的维修和加铺技术也迫切需要新材料和新结构。

(3)我国幅员辽阔,地理环境和气候条件对机场道面的影响差异很大,寒冷地区、热带亚热带地区、高原地区等都对机场道面的材料、结构设计、施工和运营维护提出了新的不同要求。

(4)机场道面设计应充分吸收和采用新技术,如随着数值计算理论的快速发展和在工程应用中的普及,道面结构采用有限元方法分析比传统的弹性层状体系分析更为方便,更加全面,为结构设计更加可靠提供了条件。

(5)新材料的快速发展为机场道面类型的丰富和性能的全面提升提供了可能。

(6)随着智能检测技术的快速发展和应用,机场道面无损检测与视频检测技术相比传统方法能更快速、更全面地监测道面状况,为道面运营维护提供了丰富可靠的数据。

(7)航空运输是减少碳排放,实现碳中和的重要领域,机场道面面临重大挑战,一是要通过科技创新,使用新材料、新结构,建设寿命更长的道面,如将现在普遍采用的20或30年设计年限延长到30或40年以上,则可实现道面工程碳排放的大幅降低;二是要在运营维护过程中,特别是大修改造工程中,若能把传统的铣刨料100%高效利用,实现固废的全部高效循环利用,则减少碳排放的效果将更加显著。

总之,围绕机场道面技术创新的主线应该是建立"新材料—新结构—新设计理论与方法—新施工工艺—智能运营维护"成套关键技术。

据统计,2000年我国运输机场为145个,2010年和2020年分别增加到175和250个,2022年底达到256个,预计2025年将达到270个。2020年的250个运输机场中,203个机场的跑道为水泥混凝土道面,35个机场的跑道为沥青混合料道面,12个机场既有水泥混凝土跑道又有沥青混合料跑道。在250个运输机场共计281条跑道中,水泥混凝土跑道232条,沥青混合料跑道49条,其中40条为后期加铺。2020年,机坪总面积约9497.4万 m^2。

机场道面工程是机场飞行区的主体,直接影响飞机运行的安全性与舒适性,是衡量机场保障能力与服务水平的一个重要方面。沥青混合料道面和水泥混凝土道面是机场跑道的两种典型道面。国外机场使用更多的是沥青混合料道面。与水泥混凝土道面相比,沥青混合料道面具有平整、抗滑、舒适、减震等良好的使用性能,以及施工工期短、养护维修方便、便于不停航维修施工等优点,是国际上大多数大型民用机场道面主要采用的道面形式。在1999年国际民航组织147个成员国的1038个机场中,沥青混合料道面占62.6%。

水泥混凝土道面具有刚度大、强度高、高温稳定性好和日常养护工作量小等优点。我国民用机场道面类型单一，90%以上的道面为水泥混凝土道面。据相关文献介绍，我国民用机场的新建道面形式基本上都是水泥混凝土道面。2000年之前，新建机场中仅香港国际机场、澳门国际机场、西宁曹家堡国际机场、敦煌机场(后更名为敦煌莫高国际机场)和新疆的且末玉都机场等采用了沥青混合料道面。因此，未来相当长的时期内，水泥混凝土道面的建设和维修仍然是我国机场面临的重要任务。

本书全面系统地介绍了美国联邦航空局(FAA)的机场道面设计方法，对于建立我国机场道面的力学经验设计方法具有一定的借鉴意义。美国工程兵团早先以柔性道面的CBR设计方法而闻名，开创了道面的经验设计方法，这种以足尺试验为主要研究手段的道面设计方法为美国联邦航空局所继承，在纷纭的技术流派中独树一帜。为提高可借鉴性，书中引用了大量的试验数据，虽然这仅仅是FAA大量试验数据的一小部分，但对于理解FAA的道面设计原理与方法很有意义，对于研究和发展我国水泥混凝土道面的设计原理和方法也具有重要的参考意义。

在加快建设交通强国的战略背景下，为实现机场道面绿色低碳耐久的目标，需要我们聚焦建设过程中绿色低碳耐久的道面材料、施工工艺和道面结构设计，聚焦使用过程中的智能运营维护。机场道面的建设者与科技工作者需要协同努力，才有可能真正取得突破，走出一条创新驱动、科技引领、智慧赋能的四型机场道面升级之路。

黄卫

2023 年 10 月

前言 PREFACE

美国联邦航空局(FAA)的国家机场道面试验中心(NAPTF)是全球唯一一家能够从事大型机场道面足尺试验研究的机构,建成二十多年来已完成一系列道面足尺试验,为道面设计方法的建立奠定了坚实的基础。与此同时,在理论研究方面,FAA 已探索出基于飞机横向偏移行为与道面结构力学响应的飞机作用次数计算方法,以及多轴起落架引起的道面结构材料的疲劳损伤计算方法,标志着机场道面设计的力学经验方法已初步建立。

FAA 道面设计方法虽称作力学经验方法,但与美国路面设计指南(MEPDG)所定义的力学经验方法相比,还是显示出不小的差异。首先,体现在道面结构层材料力学参数的取值方法上。由于足尺试验场地试验段的地基和道面结构层材料比较单一,力学计算模型的材料力学参数,如面层或稳定基层的弹性模量都采用固定值,粒料层或土基的弹性模量也不像公路那样采用回弹模量的本构模型,而只是采用了一种简化的经验公式。其次,FAA 道面设计方法中柔性和刚性道面的设计力学指标分别为土基顶面压应变和水泥混凝土板底拉应力,对应的道面结构损坏模式只包括柔性道面结构下土基的剪切和压密破坏,以及刚性道面的板底开裂破坏,设计的力学指标体系都还有待完善。另外,从 FAA 柔性道面疲劳方程的推导过程可以看出,柔性道面设计方法的本质仍是 CBR 法;刚性道面设计方法中对于土基强弱的考虑,也是从经验出发。可见 FAA 道面设计方法虽然经过了力学化改造,但仍未脱离经验法的窠臼。上述表明,FAA 道面设计方法尚处于初创阶段,需理性对待、吸收其合理成分,而不是不顾实际全盘照搬,其道面设计程序 FAARFIELD 也并不完全适合我国开展机场道面设计。

尽管如此,基于足尺试验的道面设计方法就逻辑与方法论的层面来说,仍是自洽和周延的。既然基于足尺试验的原理,对力学模型的要求就可以相应降低。与我国公路设计标准中采用解析的方法考虑温度荷载应力不同的是,FAA 刚性道面设计中并没有单独考虑温度荷载应力,温度的影响可以视作已包含在经足尺试验结果标定后的疲劳方程中了。又如在CC2足尺试验中,研究人员发现高强度地基上的道面板板角处自上而下的裂缝比起低中强度地基上的道面板更严重,但我们并没有看到FAA为此修改设计力学模型,而仅仅调整了疲劳方程的两个系数以提高试验数据点的失效率。显然,这种过于依赖经验的做法会降低设计方法适用的普遍性,但从某种意义上来说,这也正是经验设计方法的特色。

本书前半部分阐述设计方法,主要参考了FAA的道面设计与评价标准和道面设计程序,以及国际民航组织和我国公路、民航的标准规范。第一章以介绍传统的道面设计方法和概述足尺试验方法为主;第二章介绍飞机作用次数与道面结构材料疲劳损伤的计算方法,是道面设计的基础和前提;第三章主要介绍FAA现行的设计方法,在设计要素中侧重于与我国存在差异的方面。第四章阐述道面等级号的计算方法,背景是配合不久之后即将启用的ACR-PCR道面承载力通报方法。后半部分的试验原理主要参考了FAA的课题研究报告、试验报告与相关论文。这部分内容专缮有兴趣的读者。受数据公开程度的限制,CC3、CC5、CC6、CC9系列试验目前还难窥全豹。数据已公布的试验集中于CC1、CC2、CC4、CC7、CC8,以及沥青加铺层反射裂缝试验,本书撰写的难点是对这部分足尺试验内容的把握。由于足尺试验过程漫长而烦琐,大部分中间过程及试验过程中出现的偶然现象并没有太高的价值,有些试验甚至中途折载,不值得虚掷笔墨。若事无巨细皆面面俱到,则内容庞杂、漫无所归。笔者只能力争用归纳的方法爬梳出对设计有借鉴意义的、带有一定普遍性的结论,引导读者从现象追寻本质,简言之,就是对原始资料进行大刀阔斧的"缩写",只保留"故事"的梗概和精华。这一努力是否成功当然另当别论。

笔者所在单位民航机场规划设计研究总院的领导对笔者的工作给予了充分肯定,以内部课题立项支持本书的撰写,在出版过程中又大力襄助。要特别感谢本院的姜昌山设计大师,当初若非他的鼓励,笔者恐怕不会有这份犯难的勇气。笔者的同事韩喆泰、邹晶晶为本书做了一些重要的辅助性工作。撰写过程中,幸得东南大学张磊老师、交通运输部公路科学研究院田波老师和同济大学马鲁宽老师为笔者耐心解惑。全书承蒙中国民航大学王强老师审阅并提出宝贵意见。这里笔者要对他们,以及人民交通出版社股份有限公司在出版过程中所付出的辛勤劳动致以衷心的感谢!

值得一提的是,本书成书过程中还得到了笔者导师黄卫院士的点拨,未曾想到在投入师门二十年后竟然还能获得导师的栽培教益,有幸再续师生缘,甚感惊喜。

由于笔者水平所限,书中难免有不妥和错谬之处,恳请读者批评指正!

作　者

2023 年中秋

本书中英制单位与国际单位的近似转换关系

符号	含义	进制	国际单位	符号
长度				
in	英寸	0.0254	米	m
ft	英尺	0.3048	米	m
mil	密耳	25.4×10^{-6}	米	m
面积				
in^2	平方英寸	6.45×10^{-4}	平方米	m^2
ft^2	平方英尺	0.093	平方米	m^2
温度				
$^\circ F$	华氏度	$(^\circ F - 32)/1.8$	摄氏度	℃
质量				
lb	磅	0.4536	千克	kg
力、压力、压强				
lbf	磅力	4.536	牛	N
ksi	千磅力每平方英寸	6.895	兆帕	MPa
psi	磅力每平方英寸	6.895×10^{-3}	兆帕	MPa
其他				
pci	磅力每立方英寸	271.3	千牛每立方米	kN/m^3

目录 CONTENTS

第1章

绪论

1.1 FAA 道面设计方法的起源

美国联邦航空局(FAA)机场道面设计理论与方法起源于美国陆军工程兵团(CE)军用机场的道面设计理论与方法。最初美军的机场道面设计参考的是公路的设计方法,直到第二次世界大战爆发前夕美军才意识到建立独立的机场道面设计方法的重要性,他们将这项研究任务交给了CE。CE从此肩负起为空军设计建造军用机场的任务。战后FAA借鉴了CE的道面设计方法,将其应用于民用机场的道面设计。

1.1.1 柔性道面设计方法

就在CE接过为美军建立道面设计方法的任务时,时局已不允许研究人员从基础理论出发探索建立一种理性的设计方法,于是他们将目光投向了加利福尼亚州(以下简称"加州")公路局推荐的CBR设计方法,认为从过去十几年的使用经验来看,这种经验设计方法应能满足军用机场道面设计的需要。CBR设计方法中的土基强度用加州承载比CBR表示,这是一种相对于标准碎石的贯入度指标,之所以没有采用传统的承载板试验评价材料强度,是因为当时认为这一试验方法不能如实反映土基的抗剪强度且试验过程较烦琐,不适用于军用机场。

CBR设计方法认为:整个柔性道面结构应保证有一定厚度以保护土基不出现过大的剪切变形,进一步说这种"保护"的思想适用于道面结构的每一层,即每一结构层的作用是保护其下的结构层免遭剪切破坏,因而本层结构的厚度由下卧层材料的CBR决定;每一结构层要有足够的密实度避免在荷载作用下产生明显的压实变形导致轮辙破坏;除了道面结构边缘15~20ft(4.57~6.10m)以内的区域,土基中的干湿状况在道面使用期限内基本不会出现大的变化;对于塑性较高的土浸水CBR更能反映出材料的真实强度,设计时要考虑使用期间内由于土基干湿变化引起的材料强度的降低。借助中~重荷载的高速公路设计曲线,CE建立了最初的两条单轮荷载为7000lbf(31750N)和12000lbf(54430N)的柔性道面结构设计曲线。为适应正在服役和即将投入使用的新型轰炸机的需要,研究人员将单轮荷载外延到150000lbf(680380N),为了验证外延曲线的有效性,研究人员进行了专门的足尺试验。

随着双轮轰炸机的问世,研究人员发现了多轮荷载作用下的应力叠加效应。在结构的浅层,这种叠加效应尚不明显,道面结构与土体中的受力状况主要取决于一组多轮起落架中的单轮荷载,当距离表面的深度超过双轮外边缘距或前后轴距的一半时,各轮之间相互影响变大;当深度继续加大时,可将多轮荷载整体当作一个同等大小的单轮荷载,这个临界深度为双轮外边缘距或前后轴双轮对角线距离的2倍。在这两个特征深度之间,荷载等效为一个当量单轮质量(ESWL),可通过线性内插得出。该法一直沿用到20世纪50年代,直到足尺试验验证之后才修改了ESWL的插值计算方法,利用半无限弹性体上作用均布圆形荷载的Boussinesq解确立了基于弯沉等效的ESWL计算方法。推导ESWL时,一般假设多轮荷载和等效单轮荷载的接地面积不变,最初轮胎的接地面积采用固定值$267\text{in}^2(1722\text{cm}^2)$,胎压被看作轮重的函数。但由于后来出现的胎压都大于100psi(0.69MPa),超出了原设计曲线的标准胎压范围,研究人员基于弯沉等效原则运用Timoshenko弹性理论算出了半无限体内的弯沉,进而建立了胎压为100psi(0.69MPa)和200psi(1.38MPa)的柔性道面设计标准。

相比于过去,50年代服役的飞机起降周期大大缩短,导致作用次数大幅增加,因而在道面中相继出现了一些意外的病害,为此,CE决定将道面厚度增厚25%,同时增厚基层并提高土基压实度,以应对由这种机型引起的日益严峻的渠化问题。

50年代研究人员对飞机的横向偏移行为开展了调查和试验研究,发现机轮在80%的时间里都行驶在7.5ft(2.3m)宽度的范围内,这种渠化效应使重复作用次数较以前提高了4倍,导致设计寿命为20年的道面仅4年后就出现了病害。研究人员起初认为柔性道面的破坏表现为轮迹区域的轮辙病害和轮迹外侧的隆起,破坏机理是粒料和土基的剪切破坏,设计的目的就是要防止道面结构材料的剪切变形过大。而现场调查显示,这种渠化道面的破坏主要是道面结构层和土基的永久压密变形过大造成的,而非剪切变形所致。在这种情况下,研究人员放弃了直接将道面厚度增厚25%的做法,而是将道面设计时的荷载重复作用次数从5000次提高到25000次。不过在CE的柔性道面设计方法中,面层疲劳开裂破坏一直未受到足够的重视,缺乏有针对性的设计。

由于50年代中期的某种特殊构型的起落架易造成飞机滑行时较大的颠簸,研究人员由此开始关注荷载的动态响应问题。为应对这种大轴距双轮起落架引起的颠簸和渠化问题,CE建议设计时将240000lbf(1088620N)的起落架荷载提高约15%至275000lbf(1247380N),以增加道面的安全储备。

早期的柔性道面设计标准都采用设计曲线的形式,道面厚度只能通过查图确定,首个单轮作用下的柔性道面结构厚度计算公式见式(1-1):

$$t = k\sqrt{P} \tag{1-1}$$

式中:t——柔性道面结构厚度(in);

k——与CBR和胎压有关的系数,根据轮重调整;

P——轮载或等效单轮荷载(lbf)。

后来CE在公式中引入了CBR指标,将公式修改为式(1-2)或式(1-3):

$$t = \sqrt{P\left(\frac{1}{8.1\text{CBR}} - \frac{1}{p\pi}\right)} \tag{1-2}$$

$$t = \sqrt{\frac{P}{8.1\text{CBR}} - \frac{A}{\pi}} \tag{1-3}$$

式中:A——轮印面积(in^2);

　　p——胎压(psi)。

上述两个公式虽没有建立起道面结构厚度与荷载作用次数之间的直接联系,但针对的都是 20 年的设计使用寿命,相当于约 5000 次荷载作用。

上述公式还可以写成关于 $t/\sqrt{A}$ 和 CBR/p 的形式,见式(1-4):

$$\frac{t}{\sqrt{A}} = \sqrt{\frac{1}{8.1CBR/p} - \frac{1}{\pi}} \tag{1-4}$$

CE 对式(1-4)做了大量的验证工作,将试验所得的数据点标在 CBR/p-$t/\sqrt{A}$ 关系图上,发现该曲线可以作为作用次数在 2000 次以上的失效与未失效试验数据点的分界线。

CE 给出的首个含作用次数 C 的道面结构厚度计算公式,见式(1-5):

$$t = (0.23\lg C + 0.15)\sqrt{P\left(\frac{1}{8.1CBR} - \frac{1}{p\pi}\right)} \tag{1-5}$$

70 年代出现的宽体机如 B747 的起落架构型发生了重大改变,为了补充新的设计曲线,隶属于 CE 的水道试验室(WES)实施了专门针对这种多轮重型起落架的足尺试验,根据试验研究成果将公式改写为式(1-6):

$$\frac{t}{\sqrt{A}} = \alpha\left[-0.0481 - 1.1562\lg\left(\frac{CBR}{p}\right) - 0.6414\left(\lg\frac{CBR}{p}\right)^2 - 0.4730\left(\lg\frac{CBR}{p}\right)^3 \right] \tag{1-6}$$

式中:α——考虑荷载作用次数的系数,相当于 $0.23\lg C + 0.15$。

50～60 年代计算机技术的进步解决了双层和三层弹性层状体系的求解问题,数值计算方法开始兴起,甚至可以考虑材料模量的应力依赖性。作为 CBR 设计方法的补充,CE 在 70 年代中期开发了基于弹性层状体系的道面设计方法,建立了全厚式沥青道面的设计方法。

在道面材料方面,虽然高速公路早已开始采用质量较好的粒料和无机结合料稳定粒料作为基层或垫层,但 WES 在少量的足尺试验之后认为效果并不显著,直到 1977 年 CE 才引入等效厚度因子,以体现基层或垫层材料性能的提高对道面厚度的影响。

1.1.2　刚性道面设计方法

1926 年 Westergaard 提出了文克勒地基上的水泥混凝土板中受圆形均布荷载的路面应力计算方法,1939 年他将这一计算方法推广到机场道面。CE 的水泥混凝土道面设计方法自始便建立在水泥混凝土板的 Westergaard 应力解之上。

早期的足尺试验表明,Westergaard 板中和板边应力解是有效的,符合板破坏时的临界应力状态,不过应用 Westergaard 板中应力计算道面板厚度有一定风险,为考虑重复作用,应在设计标准中加入安全系数。足尺试验还表明,由于降落过程中机翼残留的升力接地时的动荷载只有静荷载的 40%～60%,只有硬着陆才会产生高于静荷载的冲击荷载,而硬着陆点又不固定,因此,设计时可不考虑这种特殊情况。

为了应对单轮荷载不断增长的重型轰炸机的问世和服役[质量从 80000lb(36287kg)增长到 120000lb(54431kg)],1943 年 CE 在洛克伯恩基地实施了 No.1 足尺试验。早期的足尺试验表明:荷载重复作用次数与荷载强度一样重要,5000 次重复作用次数能够支撑 10 年以上的使用寿命;在应用 Westergaard 公式求解板厚时,需要一个设计因子以反映荷载重复作用次数(疲劳)及温度变化等因素;低强度地基上的道面板最早破坏;胀缝是传荷的薄弱环节,应采取加强措施;道面加筋能够延长产生裂缝的时间,并能延长裂缝产生后的使用寿命;基层裂缝会反射到道面板表面。CE 根据这些发现修改了刚性道面设计方法,将临界荷位改为板边荷位,并将计算的板边应力折减 25% 以考虑板缝的传荷效应;设计因子取 1.3 以保证至少达到 5000次重复作用次数的要求。

CE 在足尺试验中还测试了素混凝土板和加筋混凝土板、设隔离层和不设隔离层的加铺层的不同表现,以及不同的板厚、土基强度、基层条件、接缝形式和板块尺寸的影响;试验进一步验证了长轴距的双轴双轮起落架作用下的 Westergaard 板边应力解的有效性;试验结果表明:即便很薄的旨在消除层间黏结的隔离层也会大大降低加铺层的寿命;各种接缝的传荷能力按从强到弱依次为传力杆假缝、传力杆施工缝、设拉杆的纵向企口缝、假缝、纵向企口缝、设传力杆的胀缝、无传力杆的胀缝。CE 在足尺试验之外还进行了大量的缩尺试验,这些缩尺试验通常仅验证道面力学行为中的单一要素,例如,缩尺试验证明最不利荷位是板边而非板角。

CE 最初提出的道面设计的荷载分级标准为:轻载道面的荷载为 25000lbf(113400N)的单轮荷载、接地面积 100in²(645cm²);重载道面的荷载为每个单轮重 100000lbf(453590N)、轴距为 37.5in(0.95m)的双轴双轮荷载,每个单轮的接地面积为 267in²(1722cm²)。

研究人员在调查中发现以往刚性道面设计中设定的土基反应模量上限值 300pci(81MN/m³)过小,于是将其提高到 500pci(135MN/m³);不同强度土基上的道面板虽然产生第一条裂缝的时间差不多,但土基强度高的道面在开裂后残余的使用寿命比土基强度低的道面长,高强度土基上的道面结构厚度可以相应减小。

早期的水泥混凝土加铺层足尺试验涵盖了无黏结、部分黏结和完全黏结三种情况,试验内容涉及增强层间黏结的环氧树脂黏结剂、隔离层、加筋加铺层、柔性加铺层。加铺层试验段(原道面已加铺过沥青混凝土)上实施的重载试验表明,加铺层厚度应取以下两种情况下得出的大值:一种是将原双层道面结构视为单层刚性道面;另一种是将沥青混凝土视为隔离层进行无黏结加铺层设计。

从早期道面使用情况来看,道面的纵向裂缝主要集中在中心线两侧共 75ft(22.9m)宽的范围内。渠化效应和保障时间的缩短大大增加了局部道面的重复作用次数,设计寿命在 10~20 年的道面实际寿命只有 2~3 年,为了考虑这种渠化行为,CE 在后来的足尺试验中将荷载重复作用次数从 5000 次提高到 30000 次,结果使相应的混凝土道面厚度增加了 12%。CE 接着又根据荷载大小及重复作用次数对重型道面进行了分区:A 类区域为渠化严重且飞机以全重运行的道面,包括主滑行道中心线两侧共 50ft(15.2m)宽的中心区域、跑道两端各500ft(152.4m)长的范围,设计荷载重复作用次数为 30000 次;B 类区域为按正常设计的全厚道面,包括次要滑行道、跑道两端第二个 500ft(152.4m)长度的范围、机库等,设计荷载重复作用次数为 5000 次;C 类区域为荷载重复作用次数较少或以非全重运行的道面,包括跑道中段和停机坪等,设计荷载重复作用次数仍为 5000 次,但道面厚度可以在此基础上折减15%。考虑到某些特殊机型的起落架会引起明显的跳跃震动,在荷载里要考虑 15% 的动荷载系数。

多轮重型起落架系列试验表明,原先的刚性道面设计方法对于多轮重型起落架完全适用;

试验证明纵向企口缝不适合重载道面,CE 于是禁止在交通量大的重型道面中设置这种形式的接缝。CE 还尝试过滑模摊铺工艺、纤维混凝土道面、连续配筋混凝土道面和碾压混凝土道面,并在实践中加以应用。

1.1.3　小结

从以上 CE 对机场道面的研究历程中至少可以看出这样两条线索:

(1)新型战机的不断问世是推动道面设计方法进步的直接动力。单轮荷载的增长促使机场道面摆脱了对高速公路设计方法的依附,而渐次成为一门独立的工程技术学科。多轮起落架催生了等效单轮荷载概念的产生,带动了理论研究,力学手段开始发展起来。初期的道面设计标准只是针对某一种特定机型,由于缺乏普遍性,在实际使用中会不断遇到新机型的挑战,机场道面的设计方法尚处于探索阶段。例如,15% 的冲击系数只适用于某种特殊的震动较大的长距离双轴双轮起落架,后来随着该型飞机的退役就不适用了;再如,最初提出的轻、重型道面的荷载分级标准就一直因不断出现的新机型而需要不断做出调整。后来美国空军为不同的战机区分了道面的荷载设计标准:轻型荷载道面适用于较轻的喷气式战斗机,重型荷载道面适用于重型轰炸机。道面的混合交通荷载标准直到 80 年代初才建立起来。

(2)初期的刚性道面设计方法主要关注道面结构的承载能力,刚性道面设计以 5000 次作用次数为基准,设计因子 1.3 仅相当于一个安全系数。随着渠化现象的凸显,研究人员发现 75% 的飞机滑行轮迹都集中在滑行中线两侧 1/3 宽度的范围内,于是将这个范围内道面的荷载重复作用次数提高到 30000 次,但尚未建立轮迹的横向正态分布模型,只好假定轮迹在该范围内平均分布。50 年代研究人员意识到材料的疲劳破坏与极限破坏一样,也扮演着十分重要的角色,为此绘制了板厚百分比-荷载重复作用次数关系曲线,材料疲劳在设计中越来越受到关注。

1.2　FAA 道面设计方法的演变

1.2.1　道面设计方法演化进程

FAA 道面设计方法在继承 CE 设计方法的基础上又有所发展,以咨询通告 AC150/5320-6E(简称 6E)为分水岭,之前的设计标准主要以继承而主,以经验居多,之后 FAA 则开始致力于改进这种经验设计方法。FAA 的足尺试验场地国家机场道面试验中心(NAPTF)在建成后的最初 10 年内就完成了四轮完整的足尺试验,根据这些试验成果初步建立了自己的道面设计方法,颁布了 6E。如今以 AC150/5320-6G(简称 6G)为标志,FAA 已建立了较为完善的基于力学和经验的道面设计方法,并且随着足尺试验的进一步开展,FAA 道面设计方法还在不断地更新与完善。FAA 道面设计标准发布在编号为 AC150/5320 的系列咨询通告里,研究成果散见于各类研究报告和试验报告中,有的也以论文的形式发表出来。

2009 年颁布的咨询通告 6E 确立了新建和加铺道面的力学经验设计方法,翻开了机场道面设计的新篇章。第一,它明确了道面设计的指标体系,包括疲劳判别指标和力学计算指标:采用了基于线性假定的疲劳损伤累积因子 CDF;柔性道面采用土基顶面压应变、沥青面层底拉应变作为计算力学指标,刚性道面采用混凝土板底拉应力作为计算力学指标。第二,它解决了荷载作用次数的计算问题,调整了通行覆盖率的定义与计算方法,使力学响应与作用次数关联起来,确立了根据道面结构中所经受的最大力学响应次数来确定作用次数的原则;提出了等效轮迹假定,简化了作用次数计算方法。第三,它解决了混合交通中的机型组合问题。由于采用了统一的疲劳判别指标 CDF,不再需要借助"设计机型"将所有机型的交通量转化为设计机型的交通量,设计时不再以机型为限,能够涵盖所有机型,包括未来可能出现的新机型,解决了经验设计方法中长期困扰研究人员的飞机起落架问题。第四,它建立了道面结构力学响应的计算方法,并提供了相应的设计计算程序,规定柔性道面采用弹性层状体系理论计算土基顶面最大压应变和面层底最大拉应变,刚性道面采用三维有限元方法计算板底最大拉应力。第五,它提出了柔性和刚性道面疲劳方程,传统的考虑荷载重复作用的办法显然无法精确计算材料的疲劳效应,FAA 建立在 NAPTF 和 CE 的足尺试验数据上的疲劳方程,解决了疲劳损伤的定量计算和疲劳寿命预估问题。第六,它提出了刚性道面加铺层力学模型,建立了加铺层设计的力学经验方法。

AC150/5320-6F(简称6F)和6G 咨询通告在6E 确立的框架下持续进行优化与完善,根据足尺试验数据对程序的标定结果,对柔性和刚性道面疲劳方程进行了优化。AC150/5335-5D 依据疲劳累积原则确立了道面等级号的计算方法,从而使道面设计与评价的原理得到了统一。

1.2.2 传统道面设计方法

1995 年发布的咨询通告 AC150/5320-6D(简称6D)中的道面设计方法主要继承了 CE 的经验设计方法——柔性道面采用 CBR 法,刚性道面采用 Westergaard 板边应力法。设计前要将各机型起飞架次转化为设计机型的起飞架次,再除以覆盖率得出实际作用次数,然后到相应的设计曲线上查找所需的道面结构厚度,最后还要根据荷载重复作用次数再乘以一个系数得到最终的道面厚度(此时尚未建立柔性或刚性道面的疲劳方程)。

1. 柔性道面设计方法

1)柔性道面的经验设计原理

CE 经过长期的足尺试验认为,在单轮荷载作用下土基或粒料层不发生剪切破坏的材料强度指标 CBR 与其上的道面结构厚度 H 之间存在如式(1-7)所示的经验关系:

$$H = \alpha \left(\frac{\text{ESWL}}{0.5695\text{CBR}} - \frac{\text{ESWL}}{32.085p} \right)^{0.5} \tag{1-7}$$

式中:H——道面结构厚度(cm);

CBR——土基贯入指标;

ESWL——当量单轮质量(kg);

p——胎压(MPa);

α——荷载重复作用系数,根据作用次数与起落架的轮数按图 1-1 查取。

对于非单轮起落架,可按照等效弯沉原理将其转化为等效的 ESWL。为方便设计,FAA 为大多数商业飞机或典型起落架绘制了相应的设计曲线,设计时无须进行烦琐的计算,只需直接到相应的设计曲线中查取道面结构的厚度即可。柔性道面的设计参数包括设计机型、年起飞次数、土基 CBR 和飞机总质量等。

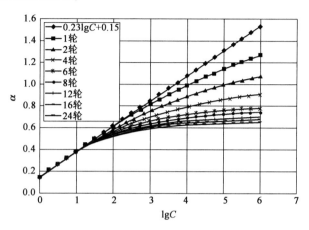

图 1-1　计算机程序 COMFAA 中的柔性道面荷载重复作用系数

2）材料设计要求

CBR 法的核心是确保道面结构能够保护土基不发生剪切破坏,不仅整个道面结构厚度要保证土基不发生剪切破坏,而且每一结构层都要保证其下的结构不发生剪切破坏。为此,CBR 法对基层和垫层分别制定了不同的强度标准:基层材料的 CBR 不小于 80、垫层材料的 CBR 不小于 20;若粒料的浸水 CBR 不小于 100,则可代替稳定基层并进行厚度折减。

柔性道面典型的基层和垫层材料分别为级配良好的碎石 P209 和未充分破碎的颗粒材料 P154。当道面仅供质量为 60000lb（27215kg）以下的机型使用时,级配不佳的未筛分碎石 P208 才可以用于基层,且沥青面层厚度要在规定的基础上增厚 1in（2.5cm）。当飞机质量超过 100000lb（45359kg）时,推荐采用沥青稳定材料作为基层,当采用稳定材料代替粒料作基层或垫层材料时,原粒料基层或垫层厚度可以折减,但要保证折减后的道面结构总厚度不小于土基按 CBR 为 20 时所得出的道面结构总厚度。

3）道面结构设计过程

利用设计曲线确定道面结构层材料及厚度的步骤如下:

（1）根据设计机型的当量年起飞架次和最大总质量、土基 CBR 到相应曲线中查取道面结构总厚度 t'_{totle} 和沥青面层厚度 t_1,总厚度 t'_{totle} 包含了土基以上所有结构层的厚度。沥青面层的厚度需满足重要区域不小于 4in（10.2cm）、非重要区域不小于 3in（7.6cm）的规定。若当量年起飞架次超过 25000 次,总厚度在年起飞架次 25000 次对应的厚度基础上还要再乘以一个放大系数（表 1-1）,同时沥青面层增加 1in（2.5cm）,余下的增厚量由基层、垫层按比例分担。

道面厚度放大系数　　　　　　　　　　　表 1-1

年起飞架次	放大系数（相对于年起飞架次 25000 次的厚度）（%）
50000	104
100000	108
150000	110
200000	112

（2）确定垫层厚度 t_3'。假定垫层材料 CBR 为 20，重复步骤（1），得出不包括垫层的基层和面层结构总厚度 t_{totle}''，得到垫层厚度 $t_3' = t_{totle}' - t_{totle}''$。

（3）计算基层厚度 $t_2' = t_{totle}' - t_1 - t_3'$，若计算出来的基层厚度小于表 1-2 规定的最小厚度，则取后者。

基层最小厚度要求　　　　　　　　　　　　　　　表 1-2

机型	荷载（lbf）	基层最小厚度（in）
单轮	30000 ~ 50000	4
	50000 ~ 75000	6
双轮	50000 ~ 100000	6
	100000 ~ 200000	8
双轴双轮	100000 ~ 250000	6
	250000 ~ 400000	8
B757/B767	200000 ~ 400000	6
DC10/L1011	400000 ~ 600000	8
B747	400000 ~ 600000	6
	600000 ~ 850000	8
C130	75000 ~ 125000	4
	125000 ~ 175000	6

（4）确定基层、垫层材料。设计曲线中查取的厚度，是假定基层材料为级配碎石、垫层材料为未破碎的颗粒材料得到的，在实际中可以结合具体使用要求更换基层、垫层材料类型：FAA 规定，对于供最大质量 100000lb（45359kg）以上飞机使用的道面，基层材料宜选用稳定材料。当采用稳定材料替代时，可将原结构层厚度除以表 1-3 中的折减系数进行折减，得到稳定基层、垫层的厚度 t_2、t_3。折减系数取值时根据使用机型、道面结构层分层厚度等综合确定。

材料的等效厚度系数　　　　　　　　　　　　　　表 1-3

粒料	P154 垫层的替代材料	P209 基层的替代材料	稳定材料	P154 垫层的替代材料	P209 基层的替代材料
P208 未筛分碎石	1.0 ~ 1.5	1	P220 水泥处治土	1.0 ~ 1.5	—
P209 级配碎石	1.2 ~ 1.8	—	P304 水泥稳定粒料	1.6 ~ 2.3	1.2 ~ 1.6
P211 石灰岩	1.0 ~ 1.5	1	P306 贫混凝土	1.6 ~ 2.3	
			P401 热拌沥青混合料	1.7 ~ 2.3	

（5）复核总厚度 $t_1 + t_2 + t_3$。若总厚度不小于假定土基 CBR 为 20 时从设计曲线中查得的道面结构总厚度 t_{totle}''，则 t_1、t_2、t_3 就是最终的面层、基层和垫层厚度；若总厚度小于 t_{totle}''，则需增厚垫层使总厚度达到 t_{totle}''。

4）设计算例

（1）某设计机型主起落架是质量为 75000lb（34019kg）的双轮，当量年起飞架次为 6000

次,土基 CBR 为 6,采用标准的粒料基层和垫层。

①确定道面结构总厚度。以 CBR =6 为起点从双轮起落架的设计曲线上读取柔性道面结构总厚度为 23in(58.4cm),如图 1-2a)所示。

②确定垫层厚度。以 CBR = 20 为起点从设计曲线上读取上部道面结构厚度为 9.5in(24.1cm),如图 1-2a)所示,这个厚度包括了垫层以上的基层和面层厚度。用 23in (58.4cm)减去 9.5in (24.1cm)得到垫层厚度为 13.5in (34.3cm)。

③确定沥青面层厚度。重要区域的热拌沥青混合料(HMA)面层厚度为 4in (10.2cm)。

④确定基层厚度。基层厚度为 9.5in (24.1cm)减去沥青面层厚度 4in (10.2cm),为 5.5in (13.9cm),小于表 1-3 中最小基层厚度 6in(15.2cm),因此,基层厚度取 6in(15.2cm)。由于设计机型质量超过 60000lb(27215kg),基层应采用 P209 或 P211。

⑤跑道各结构层厚度向上取整数:HMA 面层厚 4in (10.2cm)、P209/P211 基层厚 6in (15.2cm)、P154 垫层厚 14in (35.6cm)。

(2)某设计机型主起落架是质量为 300000lb(136077kg)的双轴双轮,当量年起飞架次为 15000 次,土基 CBR 为 7。

①确定道面结构总厚度。以 CBR =7 为起点从双轴双轮起落架设计曲线上读取道面结构总厚度为 37.5in (95.3cm),这个厚度对应于结构层为标准粒料时的总厚度,如图 1-2b)所示。

②确定面层、基层、垫层厚度。以 CBR = 20 为起点从双轴双轮起落架设计曲线上读取垫层以上结构层总厚度为 17in (43.2cm),如图 1-2b)所示,由于这个厚度包括了沥青面层厚度 4in(10.2cm),则 P209 基层厚度为 13in (33.0cm),用 37.5in (95.3cm)减去 17in (43.2cm)得到垫层 P154 厚度为 20.5in(52.1cm)。

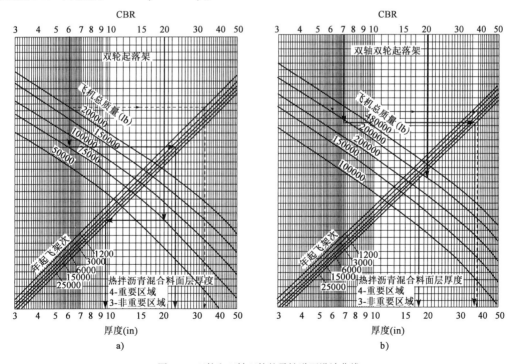

图 1-2 双轮和双轴双轮的柔性道面设计曲线

③确定稳定基层厚度。由于设计机型质量超过 100000lb（45359kg），推荐采用稳定基层 P401。根据表 1-3 的规定，P401 的厚度折减系数取 1.4，则 P401 基层的厚度为 13/1.4≈9in（22.9cm）。

④确定垫层的换算厚度。若垫层也采用稳定材料，根据表 1-3 的规定，P401 垫层的厚度折减系数取 2.0，得到 P401 垫层的厚度为 20.5/2≈10in（25.4cm）。

⑤跑道各结构层厚度向上取整数：HMA 面层厚 4in（10.2cm）、P401 基层厚 9in（22.9cm）、P401 垫层厚 10in（25.4cm）。整个结构可视作全厚式沥青道面结构。

⑥校核最小厚度要求。经检验 4+9+10=23in（58.4cm）大于土基 CBR 假定为 20 时的最小厚度 17in（43.2cm），步骤⑤中计算的分层结构厚度为最终厚度。

5）CBR 法的局限性

CBR 法是建立在大量试验和观察基础上的经验方法，虽然在经验范围内可靠，但也存在一定的局限性：单凭经验的研究手段过于单一，CBR 仅是一个经验性的材料力学指标，而非理论上的力学指标，无法用来进行力学计算；过度依赖经验使该法缺乏普遍性，不能适应新的机型和材料；CBR 法中的道面结构失效模式过于单一，无法反映沥青面层和半刚性基层的疲劳开裂破坏。

2. 刚性道面设计方法

传统的刚性道面设计方法是以文克勒地基上的薄板在圆形均布荷载作用下的 Westergaard 板边应力解为依据的半力学半经验设计方法。

1）刚性道面结构厚度计算原理

圆形均布荷载作用于水泥混凝土道面板板边所产生的板边应力，绝大多数情况下要大于荷载作用于板中时产生的板中应力，因此，刚性道面设计以板边受荷为最不利荷位（图 1-3）。单轮或双轮以轮印与板边相切为最不利荷位，这时板底最大拉应力可直接利用 Westergaard 板边应力解求出，同时考虑板缝的传荷作用会折减 25%。双轴双轮的最不利荷位稍许复杂，最大拉应力可能对应于起落架与板缝有一定夹角时，应分别验算轮印与板缝相切、垂直或以某个角度相切这三种情况，然后取最大值。

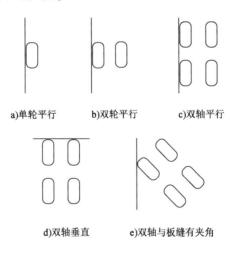

a)单轮平行　　　b)双轮平行　　　c)双轴平行

d)双轴垂直　　　e)双轴与板缝有夹角

图 1-3　刚性道面的计算荷位

CE 在试验中发现当水泥混凝土道面板的最大工作应力为 $R/1.3$（R 为水泥混凝土的抗弯拉强度）时，允许的荷载重复作用次数约为 5000 次。当年起飞架次未达到 25000 次时，可通过设计曲线查找相应的板厚，这个板厚值是以 5000 次作用次数所对应的板厚为基准，参考图 1-4 中的厚度百分比-作用次数关系曲线得到的；当年起飞架次超过 25000 次时，道面板厚度还要在查得的 25000 次的基准板厚的基础上乘以放大系数，见表 1-1。

2）设计输入参数

利用设计曲线查取水泥混凝土道面板厚度所需的参数包括设计机型、年起飞架次、基础反应模量 K、水泥混凝土的抗弯拉强度 R、飞机总质量等。基础反应模量 K 是指直接位于道面板下的基层或道基顶面的反应模量。道基反应模量可通过实测方法获得；由于承载板影响深度不够常导致实测结果偏大，基层顶面反应模量不建议采用实测方法获取，可通过图 1-5 查取。若基层由稳定材料组成，需先将稳定基层厚度乘以表 1-3 中的折减系数，得到转化为标准粒料基层的当量厚度，再查取基层顶面反应模量。混凝土的抗弯拉强度 R 通常取 28d 龄期的抗弯拉强度设计值，约为 600~750 psi（4.14~5.17MPa）。

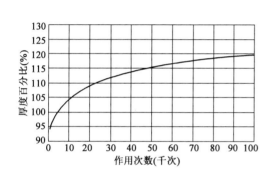

图 1-4　荷载重复作用因子

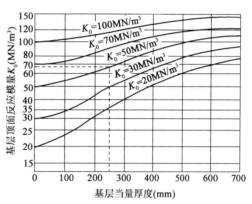

图 1-5　基层顶面反应模量曲线

3）算例

某设计机型主起落架是质量为 350000lb（158757kg）的双轴双轮，当量年起飞架次为 6000 次，机型组合中包括质量为 780000lb（353802kg）的 B747，土基反应模量 K 为 100pci（27MN/m³），土基由极易冻胀土组成，排水条件较差，最大冻深为 18in（45.7cm），水泥混凝土设计抗弯拉强度为 650psi（4.48MPa）。

由于设计机型总质量超过 100000lb（45359kg），基层采用水泥稳定粒料 P304，假定基层厚6in（15.2cm），查图 1-5 得到基层顶面反应模量为 210pci（57MN/m³）。根据基层顶面反应模量、混凝土抗弯拉强度设计值、设计机型质量和年起飞架次，从图 1-6 上查得道面板厚度为16.6in（42.2cm），向上取整为 17in（43.2cm），面层、基层总厚为 17+6＝23in（58.4cm），大于最大冻深，无须设置垫层。

刚性道面传统设计方法的实质是板边应力法与足尺试验相结合。Westergaard 解在有限元方法成熟之前一直被视为弹性地基上的小挠度薄板弯曲的理想数学解，对于板中荷位最不利的 B777 的三轴双轮起落架也可以采用弹性层状体系计算板中荷位的应力，然而文克勒地基上的薄板弯曲模型与弹性层状体系都依赖于表 1-4 的假设，与实际尚有一定距离。

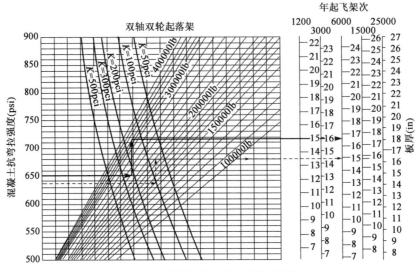

图 1-6　刚性道面的双轴双轮设计曲线

计算模型的假设及局限　　　　　　　　　　　　　　　　表 1-4

序号	假设	局限
1	弹性地基	将地基假设为线弹性不能反映出实际地基的反力随应力变化的非线性行为
2		实测的反应模量与承载板尺寸相关
3		基层的作用仅在于提高了基础的反应模量,无法全面客观反映基层作用
4	每层结构在水平方向无限大,土基在水平和垂直两个方向无限大	无法考虑板缝、裂缝等板块边界的影响,无法考虑板缝的传荷机理
5	材料连续、线性、各向同性	结构层材料特别是土基材料往往不符合线弹性各向同性假设,导致得出的应力、应变与实际不符
6	层间连续	无法考虑板块翘曲引起的基层脱空等不连续现象

　　FAA 在 2006 年推出了一款用于计算飞机和道面等级号的计算机程序 COMFAA,同时还实现了经验设计方法的计算机程序化,改变了人工查图的模式。相比 6D 设计方法,该程序在以下方面作了局部改进:

　　(1) 6D 中的设计曲线是按照几何尺寸固定的通用起落架给出的,包括单轮、双轮、双轴双轮;COMFAA 允许按每个特定机型的起落架尺寸和轮印面积计算道面厚度和覆盖率,覆盖率不再是 6D 中的固定值。

　　(2)COMFAA 中增加了 6D 中没有的 B777 和 A380 两种机型。

　　(3)6D 中对于复合起落架的处理是把其当成总质量为 300000lb(136077kg)的双轴双轮飞机对待;COMFAA 则按实际起落架构型与荷载进行设计。

　　3.沥青加铺层设计方法

　　传统的沥青和水泥混凝土加铺层设计方法都是以经验为主的厚度补差法,大体上都是先不考虑现有道面结构,计算一个新建道面结构厚度,然后与旧道面结构进行比较,两者的差值由加铺层来补足。

1）刚性道面上的沥青加铺层

刚性道面上沥青加铺层的设计要确保旧道面板开裂后加铺层表面不发生过大的弯沉。基于补差法的沥青加铺层厚度计算公式见式(1-8)：

$$t = 2.5 \left(F h_e - C_b h_b \right) \tag{1-8}$$

式中：h_e——用现状混凝土的实际抗弯拉强度和基层顶面反应模量按新建刚性道面计算得到的水泥混凝土板厚；

2.5——将水泥混凝土板厚转化成沥青层厚度的系数，2.5cm的沥青混凝土相当于1cm的水泥混凝土；

h_b——旧水泥混凝土板厚；

C_b——旧水泥混凝土道面损坏折减系数：SCI≥85时为1，75≤SCI<85时为0.95，SCI<75时在0.75~0.95内取值；

F——与开裂后的旧水泥混凝土道面的抗剪切变形能力有关的系数，一般情况下取1，只有基础支撑条件非常好的旧道面板开裂后才会仍有一定的抗剪切变形能力，这种能力在一定程度上还取决于航空交通量，因而F可视为年起飞架次n_s与基层顶面反应模量K_0的函数，见式(1-9)；若计算得出的$F > 1.0$，则取1.0。

$$F = \left(0.08534 \times \frac{n_s}{100} - 0.3594 K_0 + 106.2946 \right) / 100 \tag{1-9}$$

式中：n_s——C类及以上飞机的年起飞架次；

K_0——旧道面下的基层顶面反应模量（MN/m³）。

若是对已加铺过沥青层的刚性道面进行再加铺，可暂不考虑现有的旧加铺层，先计算出一个沥青加铺层厚度，然后再酌情扣除现有的加铺层厚度，得到再次加铺的沥青层厚度。

需要强调的是，本方法的前提依然是假定加铺后的复合式道面在受力上仍与旧混凝土道面一样，以弯拉受力为主，若加铺层较厚或旧水泥混凝土板已经充分破碎，则只能当作基层，本方法就不再适用了。

2）柔性道面上的沥青加铺层

柔性道面上的沥青加铺层也采用厚度补差法设计，根据预测交通量和旧道面下土基CBR计算出新建沥青道面结构厚度，与旧道面结构逐层比较，调整各结构层分层厚度以使调整后的道面结构满足要求。这里除了调整厚度，还涉及不同结构层之间的转化，这种转化要求从上往下逐层进行，基层可以补充垫层厚度，面层可以补充基层厚度，反之则不允许，不同结构层之间厚度转化的折减系数见表1-3。

例如，假定现状柔性道面下的土基CBR为7，查表得到新建柔性道面的分层厚度见表1-5。为保护垫层，基层、面层厚度需达到4+9=13in（33.0cm），而旧道面的基层和面层仅4+6=10in（25.4cm），相差3in（7.6cm）；为保护土基，道面总厚度应为4+9+10=23in（58.4cm），而旧道面仅4+6+10=20in（50.8cm），也相差3in（7.6cm）。由此可知，总的道面厚度的差异，实质上是基层的差异，需从旧道面沥青面层中扣除一定厚度以补足基层，由于材料差别，这个厚度可以折减为3/1.2=2.5in（6.4cm），旧沥青面层还剩1.5in（3.8cm），与重要区域所要求的4in（10.2cm）相比还差2.5in（6.4cm），这个2.5in（6.4cm）就是最终的沥青加铺厚度。

新旧道面结构厚度 表1-5

结构层	新道面(in)	旧道面(in)	最终道面(in)	备注
面层	4,P401	4,P401	2.5,P401	加铺层
			1.5,P401	原面层
基层	9,P209	6,P209	2.5,P401	原面层
			6,P209	原基层
垫层	10,P154	10,P154	10,P154	原垫层
总厚度	23	20	22.5	—

4. 水泥混凝土加铺层设计方法

柔性道面上的水泥混凝土加铺层设计本质上接近新建刚性道面,适用于新建刚性道面设计方法。刚性道面上的水泥混凝土加铺层设计方法也属于"厚度补差法",厚度补差公式(1-10)是20世纪40、50年代CE在俄亥俄的洛克伯恩和沙伦维尔两个基地上经过大量足尺试验后得到的。

$$h_o^n = h_e^n - C_r h_b^n \tag{1-10}$$

式中:h_o——加铺层厚度;

$\quad h_b$——现状板块厚度;

$\quad h_e$——等效单层板厚度,是按新建道面计算的道面板厚;

$\quad C_r$——现状板块条件因子,板块结构状况良好、无结构性裂缝时取1,板块已出现结构性裂缝而整体性尚好时取0.75,板块已出现较严重的结构性病害时取0.35,也可以根据板块的道面结构状况指数SCI取值,见式(1-11):

$$C_r = -0.076 + 1.073\text{SCI}/100 \tag{1-11}$$

指数 n 随层间条件不同而变化,完全黏结式加铺取1,隔离式加铺取2,部分黏结式加铺可折中取1.4。从图1-7中足尺试验数据点的分布来看,所有数据点都位于 $n=1$ 和 $n=2$ 之间,因此,$n=2$ 对于设有隔离层或找平层的隔离式加铺层是基本适用的。

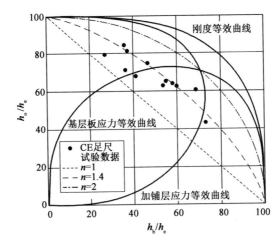

图1-7 水泥混凝土加铺层足尺试验数据点的分布
注:图中 $h_e^n = h_o^n + h_b^n$。

在实际中完全黏结的状态很难达到,因为这种状态除了要求现状板块结构状况非常好之外,还要求加铺层接缝的布置形式和传荷能力与现状板块基本一致,因此,CE 建议对于不设隔离层的加铺层 n 统一取 1.4。

若将组合梁理论运用于双层板,假设双层板的弹性模量相等,则可以导出以下三种加铺层厚度计算公式:

(1)等效板的弯曲刚度等于加铺层与基层板弯曲刚度之和,见式(1-12),对应于图 1-7 中的刚度等效曲线。

$$\left(\frac{h_o}{h_e}\right)^3 = 1 - \left(\frac{h_b}{h_e}\right)^3 \tag{1-12}$$

(2)等效板的板底拉应力与加铺层底拉应力相等,见式(1-13),对应于图 1-7 中的加铺层应力等效曲线。

$$\left(\frac{h_o}{h_e}\right)^3 = \frac{h_o}{h_e} - \left(\frac{h_b}{h_e}\right)^3 \tag{1-13}$$

(3)等效板的板底拉应力与基层板底拉应力相等,见式(1-14),对应于图 1-7 中的基层板应力等效曲线。

$$\left(\frac{h_o}{h_e}\right)^3 = \frac{h_b}{h_e} - \left(\frac{h_b}{h_e}\right)^3 \tag{1-14}$$

1.2.3 自成体系的设计方法

由于 FAA 继承了 CE 直接从实际经验出发的研究路线,自身也带上了鲜明的经验烙印。与其他设计方法相比,FAA 道面设计方法在破坏模式、力学指标、疲劳判定、材料参数取值、结构层组合设计等方面表现出很大差异,折射出其自成体系的特点。

1. 基于实证的技术路线

FAA 道面设计方法这种自成体系的特点首先体现为力学计算与试验手段是密切配合、相互支撑的。

以温度翘曲应力为例,我国水泥混凝土路面设计要求考虑温度荷载应力;而与此相反,FAA 不要求计算温度荷载应力。学术界对于是否考虑温度翘曲应力一直有不小的争议,主张不考虑温度翘曲应力的主要理由为:混凝土中的微裂缝会释放温度翘曲应力,而这种微裂缝仍能传递荷载,对路面板的荷载承受能力没有影响;与最高数百万次量级的荷载重复作用相比,温度翘曲应力变化次数十分有限;板边的温度翘曲应力在白天与夜晚正好相反,白天的翘曲应力应与荷载应力叠加,而夜晚的翘曲应力则应从荷载应力中扣减,从而形成一种补偿。

FAA 这种基于实证的道面设计方法的中心任务是研究起落架荷载对道面结构的要求,设计时只考虑起落架荷载作用而不考虑温度荷载作用,这意味着足尺试验中要尽量减小非起落架荷载因素的影响,也就是要尽量减小道面板受环境影响的翘曲程度及由此引发的 top-down 型开裂。事实证明,在试验中洒水养护的办法确实可以将板角翘曲限制在较低水平,而绝大多数开裂是起落架荷载造成的。另一方面,虽然由湿度引起的翘曲基本上可以被控制住,但试验中温度翘曲无法完全控制(室内可能不如室外明显),可见虽然力学计算指标并没有包含温度荷载应力,但在足尺试验中却不可避免地隐含了一定的温度荷载,因而得到的疲劳方程中也或多或少包含了温度的影响。若室外验证时发现温度翘曲应力不容忽视,也无须计算温度翘曲应力,而只需将疲劳曲线整体上移以定量地反映温度的影响。

FAA 与我国的这种差别本质上是两种方法论的差异:我国水泥混凝土路面设计主要采用力学的方法,由于室内小梁疲劳试验难以包含温度翘曲因素,因此,力学计算时要将重要的影响因素尽量考虑在内,严格按照力学模型计算力学响应;FAA 道面设计方法更偏向经验,除起落架荷载外的其余影响因素都可以看作已包含在从足尺试验获得的疲劳方程中了。

到此不难发现,FAA 这种偏于经验的设计方法也有一定的局限性,其试验成果充其量只能反映试验段所在地或类似地区的气候条件,在气候差异较大的地区则需要对疲劳曲线重新标定、调整,以反映当地环境的影响,这是我们在借鉴时应当注意的。

2. 发达的软件系统

道面设计不仅要有先进的理念和成熟的方法,还要有高效的手段。FAA 的道面设计程序 FAARFIELD 为设计人员提供了便捷的人机交互界面,大大提高了设计效率,设计方法的创新与完善都体现在了对 FAARFIELD 程序的更新上。

除设计程序外,FAA 还开发了用于道面评价和维护的程序,并希望将此程序作为子模块集成到道面管理程序 PAVEAIR 中,以实现从设计到管理全过程计算机辅助决策。FAA 道面相关软件分类见表1-6。

FAA 道面相关软件分类

表 1-6

类别	软件名称	用途
设计计算类	LEDFAA	运用弹性层状体系进行道面设计
	FAARFIELD	柔性道面用弹性层状体系、刚性道面用有限元方法进行道面设计
	FEAFAA	刚性道面有限元力学分析
评价类	COMFAA	计算 ACN/PCN,运用传统方法进行道面结构设计
	ICAO-ACN/ACR	飞机等级号评定
	BAKFAA	道面结构层及土基模量反算
管理类	ProFAA	道面表面粗糙度评价
	ProGroove	刻槽评价
	PAVEAIR	道面综合管理

3. 动态开放的体系

NAPTF 是世界上唯一能够开展机场道面足尺试验的研究机构,它的试验成果在相关领域独树一帜,所有数据可全球共享。NAPTF 的试验成果大多被用于改进设计标准与更新设计程序,随着试验的持续开展,FAA 道面设计方法一直处于不断改进之中。

美国多年来在国际民航组织(ICAO)中以成员国身份扮演着重要角色,为保持技术领先地位,FAA 在科研投入上一直不遗余力,光是道面工程每年的科研经费就超过一千万美元。FAA 道面工程学科下辖道面设计、材料和评价三个课题组,从他们的研究计划来看,现阶段和将来一段时间内他们聚焦的重点包括:

1）长寿命道面

长寿命道面除了要考虑建设成本,更要考虑运营期的维护成本。不同于20年设计年限的道面重点关注结构性破坏,设计年限为20~40年的长寿命道面更加重视道面的使用功能,需要引入功能性破坏设计准则。除已有的路面损坏状况指数PCI指标外,还要引入能够描述表面摩擦力、平整度、材料退化等反映道面使用功能的指标,建立合理的道面功能预测模型,作为对现有单一的结构性破坏标准的必要补充。道面功能模型的建立离不开现有道面运行数据的积累,目前FAA正以道面管理程序PAVEAIR为依托,构建现有枢纽机场跑道运行数据库,这是一项艰巨而长远的任务。

由于NAPTF过去完成的足尺试验本质上还是一种加速破坏试验,加载耗时通常在数月至3年不等,因而道面结构不宜太厚,严格来说只能模拟非枢纽的中小型或通用机场。为适应长寿命道面的研究需要,FAA准备尝试一种历时长达5年的半加速破坏试验,可以完全模拟大型枢纽机场的道面结构。半加速破坏试验主要用于模拟实际道面建成后的使用初期,对应于可见裂缝形成之前的疲劳累积和微裂缝发育阶段,将通过地质雷达、核磁成像、光纤维束探测等无损检测技术手段,跟踪监视水泥混凝土内初期裂纹的形成过程,为建立长寿命刚性道面设计模型奠定条件。

2）补充新的设计标准

FAA现行的道面设计标准在以下两个方面尚有所欠缺:一是刚性道面设计标准仅针对道面板在荷载作用下从板底向上的开裂破坏,但在以往的足尺试验中发现,主要集中在板角部位的自上而下的早期开裂破坏占有相当比例,它的形成要早于板底裂缝且扩展速率远大于板底裂缝。究其原因,除了在实际起落架作用下道面表面靠近横缝的位置会受到拉应力作用之外,大部分top-down型开裂的根本原因是环境中温度和湿度的改变,目前只能通过缓解板块翘曲程度来控制,具体措施包括增厚道面板、严格控制板块尺寸、加强养生期和建成后的养护等。FAA正在探索有效的混凝土内部初始应力的实测方法,以及板块在温度和湿度荷载作用下翘曲应力的计算方法。研究人员提出板块翘曲的"悬链线变形假定"(catenary shape)和"等效温度梯度"(equivalent temperature gradient),将干缩问题近似地转变成温度问题,便于在计算板块的翘曲应力时可以将干缩与温差一并考虑;研究人员还在有限元模型中引入了"惩罚刚度因子"(penalty stiffness),成功地处理了翘曲后的脱空不连续问题,并在一定程度上得到了足尺试验的验证,随着研究的深入,一旦条件成熟,有望在设计中引入新的针对top-down型开裂破坏的设计标准。

二是刚性道面上沥青加铺层的设计方法无法考虑加铺层的反射裂缝破坏模式,其间的主要困难是对反射裂缝的成因和破坏机理认识尚不到位。为了彻底认清反射裂缝的诱发与扩展机制,NAPTF实施了有针对性的温度诱发反射裂缝足尺试验,目前室内试验已全部完成,裂缝扩展的力学模型已初步建立,正在进行室外试验验证,待条件成熟后,将对现有的柔性加铺层设计方法做出重大改进。

3）优化材料的力学参数取值

虽然FAA对传统经验设计方法做了大力改进,将道面使用性能预测与评定建立在可靠的力学方法之上,然而其材料参数的取值和试验方法仍延续过去的体系,带有强烈的经验色彩。目前FAARFIELD中的材料力学参数仅包括弹性模量、土基CBR、反应模量和泊松比这4个物理量,材料力学参数体系距离真正的力学经验设计法尚有一定的差距。FAA正在探索完善道面材料的多指标力学参数系统,尝试用动态回弹指标取代原来的静态指标,逐步推动材料的力学指标与 MEPDG 接轨。

4)新型道面材料的应用

通常道面新材料在应用前要经过室内试验研究、足尺加速破坏试验和现场测试 3 个环节。为配合 NAPTF 的足尺试验,FAA 在 2015 年又设立了国家机场道面材料研究中心(NAPM-RC),主要致力于包括沥青玛琋脂碎石混合料(SMA)、温拌沥青混合料、再生沥青混凝土等在内的沥青材料的试验研究,探索应用新型纳米材料作为添加剂提升传统沥青材料。

FAA 非常重视技术创新,除自身持续不断的科研投入以外,还积极与其他社会组织、机构和高校合作开展研究,这些研究机构包括 William J Hughes 技术中心(研究领域涵盖空中交通管制技术、通信导航、机场与航空器安全、航空安保等领域)、机场合作研究计划 ACRP(设立于2006 年,由 FAA 资助,主要从事机场设计、施工、运行、维护方面的研究)、机场沥青道面技术计划 AAPTP(主要从事机场沥青道面研究)、道面革新研究基金 IRPF(由美国水泥混凝土道面协会和波特兰水泥协会共同资助,主要从事水泥混凝土道面技术创新研究)、卓越中心(Center of Excellence)的机场技术中心(设立于 1995 年,位于伊利诺伊大学,主要从事地基处理、道面无损检测、道面材料研发与设计理念创新等方面的研究)。

1.3 足尺试验概述

工程类学科研究的方法大致有欧陆理性主义与英美经验主义两大源头。理性主义是建立在承认人的理性可以作为知识来源的基础上的一种哲学思潮,认为人的理性高于并独立于感官,重视数理逻辑的演绎而鄙视经验。经验(实证)主义从具体实在可证实的东西出发,认为感觉经验是科学知识的基础和出发点,超出经验的知识既不可靠也不可知,应重视对实际经验的研究。

FAA 对道面工程的研究同时带有这两种截然相反的思想印记:力学研究的方法本质上是一种源于理性主义的演绎方法,而试验方法是一种源于经验主义的归纳方法。FAA 道面设计原理由力学计算和疲劳寿命预估两块构成,前者依靠数学、力学的手段解决力学指标的计算问题,后者关于道面使用性能的评价主要依靠试验中积累的经验。这些试验主要聚焦于道面失效模式的探索、疲劳方程的建立和标定、力学模型的验证、超载及加铺层力学行为研究、道面新材料等方面,生动诠释了"实践是检验真理的唯一标准"。

凭借在机场道面研究领域建立的优势,近年来 FAA 的某些研究成果已被 ICAO 吸收采纳。ICAO 在《机场设计和运行》(《国际民用航空公约》附件 14 第 I 卷,以下简称"附件 14")中规定自 2024 年 11 月 28 日起,各成员国应正式采用 FAA 提出的 ACR-PCR 方法通报道面等级号;ICAO 在 2022 年更新的《机场设计手册 第三部分 道面》中几乎全盘照搬了 FAA 的道面设计和评价方法。因此,对我国来说,尽快消化 FAA 的道面研究成果已是迫在眉睫的任务。另一方面,FAA 的绝大多数研究成果均面向公众开放,可根据需要自行到官网下载,为我们学习借鉴提供了绝佳条件。据统计,2022 年底我国颁证运输机场数量增加到 254 个,千万级机场达 39 个,大批民用机场正在或即将进行改建或扩建。我国虽然在机场建设运行的实践上积累了丰富的经验,但也要看到,道面病害一直是一个比较突出的问题。2019 年底,通过对我国195 个机场的道面调查发现,有 169 个出现了不同程度的道面病害,其中 83 个出现了结构性病害,表现为水泥混凝土道面的沉降、断板、边角破坏、表面剥落和沥青道面的沉降、轮辙、沉陷、开裂和剪切破坏等,这些病害常常是跑道外来物(FOD)的主要来源,机场跑道的安全运维面临巨大挑战。《推进四型机场建设行动纲要(2020—2035 年)》明确指出为建设以"平安、绿色、智慧、人文"为核心的"四型"机场,要抓重点、补短板、强弱项,在重点领域和关键环节发力。足尺试验耗资巨大,强行效仿不一定符合我国实际,因此,现阶段最行之有效的办法是充分吸收 FAA 足尺试验成果,同时考虑我国在气候、材料和施工方面的差异,在引进消化吸收的基础上,结合自身国情逐步探索出适合我国的机场道面设计方法。

1.3.1 基本概念与模型

1. 道面结构失效模式

足尺试验是给道面重复施加荷载使道面破坏的过程,因而要事先界定道面失效类型与标准,作为道面结构设计的起点。足尺试验中道面结构失效的判定首先是基于工程师们的肉眼观察而非仪器识别,因此,表面要有明显的病害表征,且这种道面破坏表征是宏观的基于统计的而非偶然个别的现象。

柔性道面的失效包括:

(1)粒料和土基内部的剪切破坏,表现为轮迹带外侧表面隆起超过 1in(2.5cm)。但在实际试验中,沥青层表面隆起还有可能是沥青面层材料的推挤横移所致,不一定是剪切破坏的特征,因而有时还需结合其他指标综合判定。

(2)粒料层和土基材料的压密破坏,表现为轮迹带内的轮辙和沉陷。在力学经验设计方法中,上述破坏模式对应的设计力学指标为土基顶面压应变,通过控制土基顶面压应变以避免土基和粒料层的剪切变形和压密变形过大,从而发生结构破坏。

(3)面层沥青材料的疲劳开裂破坏,表现为轮迹带内纵向或横向开裂及纵横交错的龟裂纹,设计力学指标为沥青面层底拉应变,通过控制沥青面层底拉应变避免材料发生疲劳开裂。

刚性道面的失效是以试验段道面 SCI 降至 80 为标志,通常表现为试验段内 50% 的板块在表面发现一条以上中等严重程度的裂缝(包括 bottom-up 型和 top-down 型两种形式)。设计中重点关注的是 bottom-up 型开裂破坏,设计力学指标为道面板底拉应力,通过控制道面板底拉应力避免 bottom-up 型裂缝的产生。top-down 型开裂目前在设计中尚无有针对性的考虑。

2. 荷载与轮迹偏移

NAPTF 的模拟加载车以固定轮距的单轴双轮为一个标准模块,轮胎胎压通常在 220 ~ 230psi(1.52 ~ 1.59MPa),可以灵活地根据所要模拟的对象按固定轴距添加标准模块(图1-8),加载车在试验时的行驶速度在 4.8 ~ 8.0km/h。

为模拟正常的飞机行驶,加载车的轮迹沿滑行中心线两侧呈标准差为 30.5in(77.5cm)的正态分布。表 1-7 中 92.25in(2.3m)宽的通行宽度沿滑行中心线对称地划分为 9 条宽10.25in(26.0cm)的轮迹带,加载车的每一次通行都有一个特定的编号(由东向西和由西向东分别编号),加载车轮迹在正反方向遍布全部 9 条轮迹带共需要通过 66 次。计算通行次数时,可以一次全轮迹带偏移所需的 66 次通行为模数,直接统计完整的全轮迹偏移次数。注意足尺试验中实时记录的是起落架驶过某一横断面的通行次数而非作用次数,要将通行次数除以覆盖率才得到作用次数。一般来说,正式加载前的预加载无须进行轮迹偏移。

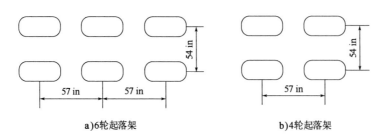

a)6轮起落架   b)4轮起落架

图1-8 三轴与双轴起落架构型与尺寸

轮迹带与通行编号(标准差为30.5in)   表1-7

频率(%)	6.1	9.1	12.1	15.2	15.2	15.2	12.1	9.1	6.1
	—	—	—	63/64	65/66	61/62	—	—	—
	—	—	51/52	59/60	53/54	57/58	55/56	—	—
通行编号	—	43/44	45/46	41/42	47/48	39/40	49/50	37/38	—
	19/20	35/36	21/22	33/34	23/24	31/32	25/26	29/30	27/28
	1/2	17/18	3/4	15/16	5/6	13/14	7/8	11/12	9/10
轮迹带编号	-4	-3	-2	-1	0	1	2	3	4

3.特征轮迹与最大响应

埋设于道面结构内部用于测量力学响应的传感器记录的是某一轮迹上的时程信号,需将其中的峰值信号解读出来,即荷载行驶至传感器附近位置时的最大力学响应值;另一方面,由于荷载的横向偏移行为,导致传感器中的峰值信号差别巨大,因此,需要在这9条轮迹带中找出与之对应的特征轮迹。下面以图1-9所示的埋设于沥青面层底部的横向应变计TSG14为例,说明特征轮迹的确定方法。

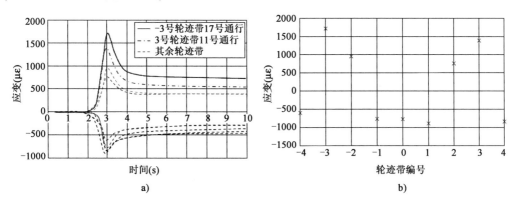

图1-9 TSG14峰值与特征轮迹

图1-9a)是TSG14在加载过程中记录到的9条轮迹带上编号分别为1、3、5、7、9、11、13、15、17的通行所对应的应变时程曲线,图1-9b)是峰值信号。图中显示 -3号轮迹带上编号为17的通行引起的应变最大,根据特征轮迹的定义,17号通行所在的轮迹就是TSG14的特征轮迹。

当传感器埋设深度较浅,轮载间相互作用不明显时,传感器的最大响应是由起落架中的一个轮子正好位于传感器上方的那次通行引起的。对 TSG14 来说,3 号轮迹带上的 11 号通行是左轮位于传感器上方, – 3 号轮迹带上的 17 号通行是右轮位于传感器上方,这种对称分布所引起的应变不应相差过大,本例中 – 3 号轮迹带的峰值比 3 号轮迹带略高是可以接受的,反之,若响应峰值相差过大,数据的有效性可能会降低。

由于这个应变计埋设较浅,轮载间的相互作用不大,属于特征轮迹是其中一个轮子正好位于传感器上方的情况。对于埋设在土基较深处的传感器,轮载间相互作用较大,特征轮迹就不一定是其中一个轮子位于传感器正上方的那条轮迹了。

附带指出,试验中实测的力学响应与由力学模型计算出来的力学响应分别有着不同的用途:实测的力学响应数据主要用于分析、探究道面结构的力学行为、破坏机理等,而计算得出的力学响应多用于建立疲劳方程。

4. 道面结构状况指数 SCI

1)道面结构状况指数 SCI 的评定方法

美军借用了美国国家公路与运输协会(AASHTO)的 PCI 指标来定量描述机场道面的使用性能(表 1-8),分值越高表明道面使用性能越好。PCI 的统计需遵循 ASTM D5340 的规定,PCI 满分为 100,扣分与病害的类型、严重程度和发生密度有关,见式(1-15):

$$PCI = 100 - \alpha \sum_{i=1}^{m} \sum_{j=1}^{n} f(T_i, S_j, D_{ij}) \qquad (1-15)$$

式中:α——调整系数;

$\quad T_i$——病害类型;

$\quad S_j$——病害严重程度;

$\quad D_{ij}$——病害密度。

PCI 分级标准　　　　　　　　　　　　　　　　表 1-8

PCI	86 ~ 100	71 ~ 85	56 ~ 70	41 ~ 55	26 ~ 40	11 ~ 25	0 ~ 10
描述	非常好	很好	好	一般	差	很差	失效

根据刚性道面的破坏模式,刚性道面设计中重点关注的是结构性病害,更确切地说,只关注严格限定在表 1-9 范围内的结构性病害,由此 Rollings 提出了道面结构状况指数 SCI 的概念,SCI 等于 100 减去由荷载重复作用导致的结构性病害引起的扣分。

荷载引起的病害类型　　　　　　　　　　　　　表 1-9

序号	病害	序号	病害
1	板角断裂	4	局部裂缝
2	纵向、横向或斜对角裂缝	5	接缝周围剥落
3	板块破碎	6	板角剥落

通过对比可以看出 SCI 总是大于 PCI,SCI 与 PCI 有如式(1-16)所示的关系:

$$PCI = SCI - 其他非结构性病害总扣分 \qquad (1-16)$$

评定道面 PCI 时包含了几乎所有的病害类型,包括结构性的、非结构性的,以及与耐久性相关的病害,而评定道面 SCI 则要少得多。例如,FAA 和 CE 都认为唧泥虽然是由荷载反复作用引起,但根本原因是基层或土基在下渗雨水浸泡下出现强度下降、失去稳定引起的,并不能反映道面板结构本身的问题,属于与耐久性有关的病害,只能采取严格施工、提高材料耐久性等措施解决,所以在统计道面 SCI 时应排除在外。另外,对于板角开裂也要特别注意,板角处的裂缝除了因结构性开裂导致的 bottom-up 型裂缝外,还包含了为数不少的非典型的 top-down型裂缝。这类 top-down 型裂缝一部分是由荷载或由于基层脱空在道面板表面诱发的拉应力所致,还有一部分是由道面板的翘曲变形造成的。从理论上讲,这种由环境因素引起的翘曲变形造成的板角开裂与道面板承受的荷载无关,是不应被统计的,这就要求试验时要采取必要措施以最大限度地减少板角翘曲引起的开裂。

2)试验段道面的 SCI 统计步骤

(1)确定道面统计样本单元。绝大多数情况下,道面的 SCI 是针对一个道面板样本单元而言的,统计的道面样本单元中包含的道面板块数为 20 ± 8,参与统计的板块数量越多,则病害密度档位也越多,得出的 SCI 越连续;样本数量越少,则 SCI 的变化幅度越剧烈。

(2)识别病害类型并判别严重程度。

(3)计算对应于每一档严重程度的病害发生密度,以及对应的扣减分值。

(4)计算修正后的总扣分值及道面 SCI。

Rollings 刚性道面 SCI 模型建立在 CE 与 WES 的足尺试验基础上,但他本人并未亲身参与这些早期的军方试验。他查阅了部分当年的资料及相关文献,找到了总共 67 个试验项目的数据。然而受限于资料的不完备和原始数据质量的参差不齐,Rollings 不得不先下一番甄别的功夫。他根据数据质量的差异、道面破坏模式是否符合要求、是否有异常破坏等标准,将所有试验数据分为Ⅰ、Ⅱ、Ⅲ三类。Ⅲ类数据的质量最低,要么缺乏道面退化的相关记录从而无法评定 SCI,要么有严重的唧泥,要么接缝无传荷能力,因而被排除。Rollings所用的数据主要来自Ⅰ类和Ⅱ类数据:Ⅰ类数据质量最高;Ⅱ类数据质量稍低,有轻微的唧泥或剥落。即便如此,Rollings 还是进行了严格的筛选,例如洛克伯恩 No.1 试验的大部分道面是第二次世界大战时所修,当时的很多平缝、胀缝都没有传荷能力,这样的数据就被放弃了。接下来 Rollings 逐一计算了这些精挑细选出来的数据点所在试验段在不同阶段的道面 SCI,表 1-10 以 KLJS 项目中 2-C5 试验的某试验段为例,说明道面 SCI 的评定过程。

2-C5 试验段道面 SCI 计算示例(DF = 1.33)　　　　　　　　表 1-10

作用次数	病害					扣分总计	扣分总计修正	SCI
	编号	类型	严重程度	发生密度（%）	扣分			
0	—	—	—	—	—	—	—	100
144	3	L/T/D 裂缝	低	25	15	15	15	85
344	3	L/T/D 裂缝	低	50	20	20	20	80
504	3	L/T/D 裂缝	低	25	15	58	50	50
	12	碎板	中	25	43			

续上表

作用次数	病害					扣分总计	扣分总计修正	SCI
	编号	类型	严重程度	发生密度（%）	扣分			
688	3	L/T/D 裂缝	低	25	15	103	87	13
	12	碎板	中	25	43			
1696	3	L/T/D 裂缝	中	25	32	151	100 +	0
	12	碎板	中	25	42			
			高	50	77			

将部分试验项目的 SCI 值绘制到图 1-10 所示的半对数坐标上,显示 SCI 与作用次数的对数之间呈现出良好的线性关系,道面 SCI 在经历了一定的作用次数后开始呈线性下降,直至 C_F 时为零(图 1-11),道面结构完全破坏。可以发现,实际的道面结构状况曲线在 C_0 拐点处应是曲线式的平缓过渡,但为使用方便,Rollings 将其简化为一拐点(图 1-11)。当道面 SCI 小于 100 时,道面混凝土材料在某一级应力下的允许作用次数与道面 SCI 有一一对应的关系(详见 6.2.2)。

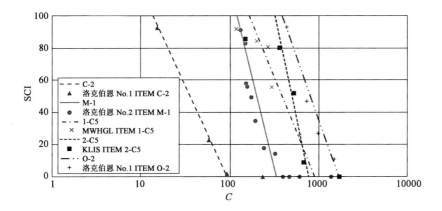

图 1-10　SCI 曲线

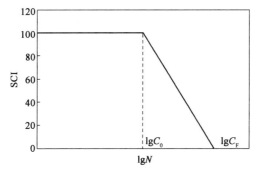

图 1-11　刚性道面结构状况模型
注:N 为允许作用次数。

各试验段道面 SCI 曲线模型中的 C_0、C_F 可用最小二乘法回归得出。回归所用到的数据点有时要少于图 1-10 中的点数,在 C_0 之前就出现的 SCI 为 100 的点、在 C_F 之后出现的 SCI 为 0 的点,以及在 C_0 之前 SCI 就已经降至 80 ~ 100 的点,在拟合时都被舍弃了。洛克伯恩 No.1 试验中各试验段的 C_0、C_F 见表 1-11。

洛克伯恩 No.1 试验中各试验段 C_0、C_F 的拟合过程示例　　　　　　　　　表 1-11

试验段编号	分类	C_0	C_F	数据点数	R^2
A-1	Ⅱ	225	10084	2	—
A-2	Ⅱ	13	59	2	—
B-1	Ⅱ	59	522	3	0.88
B-2	Ⅱ	3	96	4(3)	0.99
C-1	Ⅰ	48	636	4	0.93
C-2	Ⅰ	13	92	4(3)	0.99
D-1	Ⅰ	289	3776	3	0.96
D-2	Ⅰ	6	104	3	0.95
E-2	Ⅰ	50	212	3	0.95
N-2	Ⅰ	105	284	4(3)	0.99
N-3	Ⅱ	6	32	2	—
O-2	Ⅰ	347	1606	4	0.97
O-3	Ⅰ	41	155	4(3)	0.99
Q-3	Ⅰ	36	209	4	0.92
U-2	Ⅱ	123	488	3(2)	—

注:表中括号内是拟合时实际用到的点数。

3)Rollings 疲劳方程

Rollings 根据当年保留下来的资料采用弹性层状体系重新计算了每个试验段的设计因子 DF,将 DF-C_0、DF-C_F 数据绘制到半对数坐标系上。在图 1-12a) 所示的 DF-C_0 关系曲线中,Rollings 根据数据分组情况分别拟合了三条疲劳曲线 Ⅰ、Ⅱa 和 Ⅱ,曲线 Ⅰ 利用 Ⅰ 类数据拟合而成;曲线 Ⅱa 利用 Ⅰ 类数据和新增的 4 个 Ⅱa 类数据点拟合而成,这 4 个 Ⅱa 类数据点之所以被归为 Ⅱ 类是因为数据的分布特征不佳,而非数据本身的质量问题,拟合后也未发现有明显残差;曲线 Ⅱ 用所有的 Ⅰ 类和 Ⅱ 类数据拟合而成。可以看出曲线 Ⅰ 与曲线 Ⅱa 比较接近,而与曲线 Ⅱ 有较大差异。与另两条曲线相比,曲线 Ⅱ 新增的数据除其中一个位于直线下方之外,其余都位于直线上方,表明这些数据包含了残差,即可能包含系统性误差,因而不宜选用曲线 Ⅱ。同时,曲线 Ⅱa 拟合的数据点比曲线 Ⅰ 多了 4 个,故选择曲线 Ⅱa 作为 C_0 疲劳曲线。由于 DF-C_F 数据没有发现明显的残差[图 1-12b)],C_F 疲劳曲线在所有 Ⅰ 和 Ⅱ 类数据点的基础上拟合得到。然而,由于这些试验段都是低强度的土基,试验数据中体现不出土基强弱的影响。两条疲劳曲线的方程见式(1-17)和式(1-18):

$$DF = 0.3920 \lg C_0 + 0.5234 \tag{1-17}$$

$$DF = 0.3881 \lg C_F + 0.2967 \tag{1-18}$$

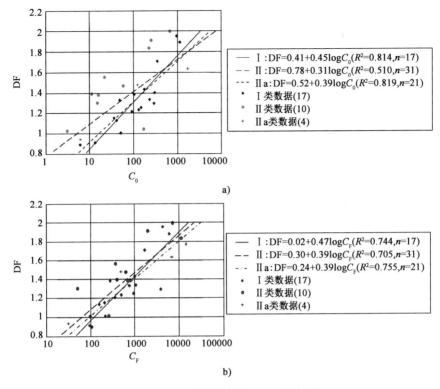

图 1-12 DF-C_0 关系曲线与 DF-C_F 关系曲线

Parker 也曾用弹性层状体系重新计算了 CE 各试验段的 DF,绘制了 DF-C 曲线,如图 1-13 所示。由于 Rollings 所依据的破坏标准为试验段中 50% 的道面板出现第一条裂缝,此时的道面 SCI 介于 80~100,与 CE 的破坏标准(道面 SCI 介于 55~80)有所差别,因而 Parker 曲线与 C_0 曲线有一定差异,其位于 C_0 与 C_F 曲线之间,更靠近 C_0 曲线。

图 1-14 是 Rollings 绘制的道面 SCI 与标准化作用次数 $C_N\left(\dfrac{C-C_0}{C_F-C_0}\right)$ 的关系曲线。采用标准化后的作用次数是为了将不同试验段中不同破坏阶段的道面板一同加以比较,标准化作用次数反映了道面板在整个疲劳寿命中所处的阶段,曲线的上凹形态显示道面 SCI 下降的速率随着疲劳寿命的消耗而逐渐减小。

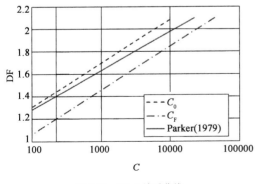

图 1-13 DF-C 关系曲线

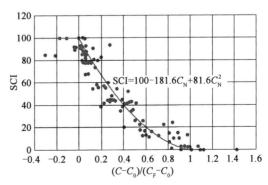

图 1-14 SCI 与标准化作用次数关系曲线

4)水泥混凝土道面板的有效模量

当一块完整的水泥混凝土道面板发生开裂时,尽管裂缝处的集料嵌锁还能传递剪力,但传递弯矩的能力几乎丧失,开裂的道面板与完好时相比抗弯能力明显下降,且随着开裂的发展,由弯沉检测结果反演的道面板模量也同步下降,破碎板块的整体性逐步退化。Garcia 曾根据现状板块条件因子 C_r 建立了水泥混凝土板的有效模量(开裂后的反演模量与开裂前模量的比值)曲线;AASHTO 也分别建立了基于现状板块条件因子 C_r 与碎裂板块尺寸的有效模量模型。若进一步将现状板块条件因子 C_r 或碎裂板块尺寸指标转化为道面 SCI,则可以建立有效模量与道面 SCI 之间的经验关系,不过上述转化过程中包含了较大的误差,且曲线仅能覆盖 SCI 横坐标的局部范围,无法为设计所用。

考虑到现状道面板的有效模量在刚性道面加铺层设计中有重要用途,Rollings 用试验的方法建立了混凝土道面板有效模量模型。他的试验对象包括六块旧道面板,用重锤破坏的方式迫使道面板产生规定方向上的表面裂缝,使道面 SCI 分阶段下降。由于试验对象是单块道面板,病害密度统一设为 50%。在每个阶段采用落锤法测试表面弯沉,再用基于弹性层状体系的反演程序计算道面表面弯沉值,并与实测值比较,通过调整道面板的弹性模量使计算弯沉与实测弯沉曲线在中心处的弯沉尽可能达到一致。最终 Rollings 共得到了 24 个有效模量数据,得出旧道面板的有效模量 E_r 与道面 SCI 之间的关系,见式(1-19):

$$E_r = 0.02 + 0.0064SCI + (0.00584SCI)^2 \tag{1-19}$$

式(1-19)的有效模量曲线连同前面的 Garcia 和 AASHTO 有效模量曲线,如图 1-15 所示。Rollings 有效模量曲线覆盖了整个横坐标,E_r 在 SCI=100 时为 1,SCI=0 时为 0.02,混凝土材料已接近散碎的粒料。若按 P501 混凝土常规的弹性模量 4000000psi(27580MPa)计,有效弹性模量降至 80000psi(552MPa),正好为级配碎石 P209 弹性模量的上限。

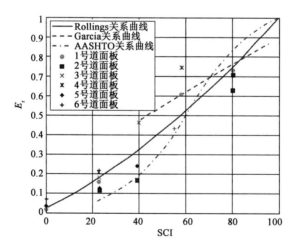

图 1-15 E_r-SCI 关系曲线

1.3.2 足尺试验的基本方法

完整的足尺试验至少包括指标选取、数据校验和道面无损检测等环节,熟悉这些环节中的基本方法对于理解足尺试验十分重要。

1. 指标选取

指标选取是数据统计分析的前提,恰当合理选择评价指标有助于发现端倪、探寻规律,选择不当将导致劳而无功,达不到目的。足尺试验中的评价指标有直接指标和间接指标:直接指标是指在试验中由传感器直接记录的力学响应,如应力、应变、位移等,或可以直接观察、记录的指标,如道面 SCI、裂缝长度、龟裂面积、车辙深度、表面隆起等;间接指标是指需预先处理后才能使用的指标,如力学响应的变化率指标、能量指标等。

由于原始的直接指标随机性较强,易掩盖整体的趋势,对原始数据预先进行加工处理既可以使规律性的特征得到凸显,又可以过滤掉大部分系统误差与偶然因素的干扰,间接指标在这方面体现出独特的优势。例如,在柔性道面超载试验研究中,通过分析土基顶面压应力相对于超载前或在不同阶段的变化率,研究人员发现粒料层在加载中有个先压密后退化的过程。在沥青加铺层反射裂缝试验研究中,能量指标不仅比传统的应变指标更适用于延性材料,便于参照理论公式建立疲劳寿命预估模型,而且便于测量,因此,最终选择了应变能释放率和断裂能释放率这两个指标。与直接指标相比,间接指标的运用更加灵活方便,这也是它备受青睐的原因。

2. 数据校验

由于仪器自身原因与施工中可能造成的损坏,会使部分数据失真,从传感器中读取的原始数据虽经过初步处理,但也不能马上投入使用,在正式使用前还要进行有效性校验。以下以长寿命道面试验中竖向位移和土基顶面压应力指标为例,说明数据校验过程。

图 1-16 是由 MDD 多点位移传感器测得的柔性道面各结构层与土基中的竖向位移,A ~ F 为传感器的埋置点,埋置逐渐加深,剖面布置如图 5-17b)所示。图 1-16a) 显示 A、B、C 三个埋置点的弯沉几乎相等,而 D 埋置点测得的弯沉要明显大于埋置更深的 E、F 两个埋置点测得的弯沉。这种明显的反常也出现在图 1-16b)中的弯沉-荷载通过次数关系曲线中:在加载之初 F 埋置点的弯沉曲线位于最下方,但到约 270 次时 F 埋置点的弯沉曲线与另两条出现了交叉,然后落到其上方,两相印证,表明在加载不久后土基中的 F 埋置点就发生了过大的变形错位导致数据失真。

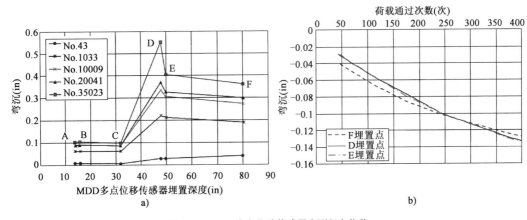

图 1-16 MDD 多点位移传感器实测竖向位移

合格的响应数据必须通过一致性检验,从方向和对称性两个方面检验数据是否一致。图 1-17 表示土基顶面 PC 应变计记录的压应力,应变计达到峰值的特征轮迹为 2 号轮迹和 −2 号轮迹,两条轮迹沿滑行中线对称分布。图 1-17a) 表示 −2 号轮迹带上荷载由东往西和由西往东通行时测得的应力值;图 1-17b) 表示 2 号轮迹带上荷载沿两个相反方向通行时测得的应力值;图 1-17c) 表示荷载在 −2 号和 2 号轮迹带上沿同方向通行时测得的应力值。图中显示,同一轮迹上荷载沿相反方向通行产生的压应力的差别并不大,等距对称分布的轮迹带上荷载沿同一方向通行产生的压应力的差别也很小,故可认为 PC 应变计测得的压应力数据通过一致性检验。

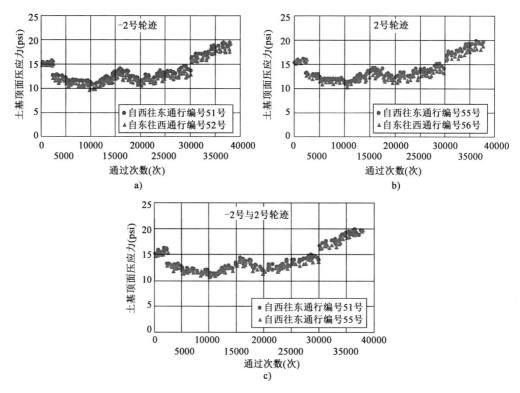

图 1-17　PC 应变计实测压应力

3. 道面无损检测

在足尺试验中,道面无损检测技术常与其他检测手段配合,用来评价道面的结构性能。与传统的钻芯取样相比,无损检测能够快速简便地获得相对精确的检测数据。无损检测按施加荷载的方式可分为静荷载、震动荷载和冲击荷载三类,应用最广泛的是冲击荷载检测方式,包括落锤式弯沉检测(FWD)、重锤式弯沉检测(HWD)和轻型落锤检测(LWD)三种。与常规 FWD 相比,HWD 的锤质量在 70000lb(31751kg)这一量级,适用于较厚的机场道面;LWD 由于落锤质量限制,只适合于评价粒料层的刚度。

FWD/HWD 检测在道面设计评价和足尺试验中有着广泛的用途,包括评价现状道面结构的承载力、预估剩余疲劳寿命、评价接缝传荷效率、反演道面结构层模量、耐久性评价等。可选择在道面不同部位进行检测:反演道面结构刚度可选在板块中心;接缝传荷效率评价可选在接缝附近;板角脱空评定通常选在距离接缝6in(15.2cm)以内的板角。

FWD/HWD 弯沉检测原理如图 1-18 所示,在半径为 5.91in(15.0cm) 或 8.86in(22.5cm) 的标准橡胶垫上施加持续时间为 20~60ms 的冲击荷载,使道面板发生竖向变形,同时用等间距[常见的间距为 12in(30.5cm)]布置的传感器收集弯沉信号,绘制弯沉曲线。道面结构层模量反演包括按弯沉曲线的面积拟合与按中心点弯沉拟合两种方式。

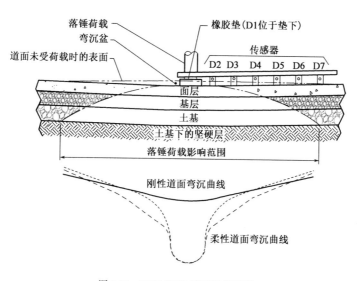

图 1-18　FWD/HWD 弯沉检测原理

足尺试验中应用较多的是定性地评价道面结构的刚度、板底的层间接触情况,以及接缝的传荷性能。位于荷载中心处的最大弯沉 δ_{max} 是表征道面结构整体刚度的良好指标,冲击劲度模量 ISM 的定义见式(1-20):

$$ISM = \frac{P}{\delta_{max}} \tag{1-20}$$

式中:P——冲击荷载($\times 10^3$ lbf);

δ_{max}——承载板中心最大弯沉(mil)。

与板中相比,板边或板角处由于接缝处的雨水下渗和脱空易导致道面出现耐久性问题,可通过板中实测的冲击劲度模量ISM_{center}与板边或板角实测的冲击劲度模量$ISM_{joint/corner}$的比值来反映,当比值大于 3 时表明板边或板角的耐久性较差,小于 1.5 时表明耐久性良好。

图 1-19 是某试验中在道面板的板角处测得的弯沉与锤重的关系曲线。根据弯沉与锤重之间的线性关系可以推知,在道面板与基层正常接触的情况下,当锤重为零时弯沉理论上也应为零。若弯沉不收敛则可推断道面板与基层之间可能存在脱空,且锤重为零时的弯沉值大小反映了脱空的严重程度。将不同时段实测的弯沉曲线延长与纵轴相交,从得到的截距来看,随着荷载作用次数的增加,板底脱空也在不断发展。

利用 FWD/HWD 检测评价接缝传荷效率的方法详见 6.5.3。

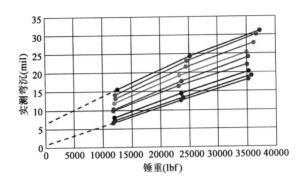

图 1-19　弯沉与锤重的关系曲线

1.3.3　足尺试验的实质与局限

FAA 的足尺试验场地是 1999 年建成的位于新泽西大西洋城的 NAPTF,如图 1-20 所示。室内试验场地东西长 900ft(274.3m)、南北宽 60ft(18.3m),纵向分成低(CBR 约为 4)、中(CBR 约为 8)、高(CBR 约为 20)三种土基强度,每一档土基强度又划分成若干个不同的道面结构。在场地南北两侧敷设了供加载车辆行驶的轨道,加载设备采用特制的模拟起落架荷载的加载车 HVS,这种加载车可以模拟任意构型的起落架,甚至还可以模拟轮迹的偏移行为。模拟加载车通行一次可分别对南北两幅道面纵向上的多个试验段进行加载,但若其中一个试验段出现异常状况导致暂停加载,则不可避免地会影响其他试验段。

图 1-20　建设中的 NAPTF 与模拟加载车

NAPTF 足尺试验的道面结构与荷载十分接近真实场景。与现场试验相比,足尺试验的优势在于可以减小或杜绝环境、施工、运行等因素的干扰,其材料、施工、检测、加载和数据采集等环节均被严格把控,数据质量有充分的保证。然而,尽管如此,足尺试验与实际仍有不小差距,足尺试验获得的是一种与实际并不完全等同的加速测试数据。NAPTF 足尺试验的持续时间通常少则数月、多则两年以上,累积作用次数大都在 50000 次以内,为了使道面在设定时限内达到破坏,水泥混凝土面层不宜过厚,疲劳作用次数几乎都集中在数百到数万次之间,曲线在此区域之外的部分靠外推,可能包含较大误差,因此,严格说来足尺试验的结论只适合包括通用机场在内的非枢纽机场。这种加速破坏试验的加载间歇时间较短、加载频率较高,也会间接影响试验结果。美国水泥协会(ACI)曾指出:若应力小于混凝土强度的 0.75 倍,则加载频率对疲劳寿命的影响不大;若处于高应力状态,则加载频率对疲劳寿命的影响就会凸显出来。Kesler 曾指出,加载间歇的延长有利于提高混凝土的疲劳寿命。

NAPTF 足尺试验所在的地理位置与其室内试验的性质决定了试验数据只能在一定程度上反映当地的气候特点,并不具有广泛的代表性。尽管室内环境中也存在温湿变化,但室内道面结构的温度场与室外条件相比也有较大差别。在道面板翘曲验证试验中发现室内道面板翘曲的主导因素是湿度,而到了室外环境中则变成了温度,因此,尽管在试验中采取了严格的洒水保湿养护措施,但室内外道面板的翘曲行为还是存在重大差异。

过去 10 年中 FAA 的道面研究经费高达 1.3 亿美元,其中大部分是 NAPTF 的试验经费。我国近 10 年来的足尺试验路研究光加速试验的环道和相应的加载设备仪器的投资就动辄几千万,可见高额的费用是制约足尺试验广泛开展的最不利因素。

1.3.4 足尺试验的技术特点

1. 完备的指标证据链

从一轮完整的足尺试验中能够获得的各类数据,包括仪器实测的动、静态数据,肉眼观察到的数据,原位测试数据等,构成了一个相互支撑的立体数据链条。肉眼观察数据主要来自日常巡查记录的道面病害情况,而结构层的微观开裂、粒料和土基的压密过程,以及塑性变形只能借助仪器的实测数据才能发现。在使用这些数据时,应注重不同类型数据之间的相互印证,尽可能为推导的结论找到旁证,只有当宏观指标与微观指标、仪器实测数据与肉眼观察数据、定性与定量指标取得一致时,所得的结论才具有可信度和说服力。

在柔性道面试验中,表面的车辙和隆起常与实测的粒料与土基中的塑性变形一道作为判别道面结构破坏类型的依据,有时还在试验结束后开挖探沟、探槽来加以验证。刚性道面的裂缝类型仅凭肉眼观察很难确定,主要依据埋设于靠近道面板底面和表面的传感器记录的信号来判定,也可以在试验结束后钻取芯样来加以验证。随着道面病害的发展,道面结构性能不断退化,道面 SCI 与有效模量不断降低,与此同时,板底脱空也在持续发展、接缝的传荷能力也在持续降低,因此,刚性道面试验中无损检测通常被安排在加载开始前实施一次、加载开始后至少每周实施一次,无损检测数据为道面板结构性能的退化提供了有力的旁证。

2. 试验与计算相结合

足尺试验的一个主要目的是对设计程序的各种计算结果做定性或定量的标定与验证,以了解力学计算结果与实际之间的差别。同时,足尺试验也离不开理论计算,试验与计算经常是相互渗透的,试验中可能随处都要用到 FAARFIELD、COMFAA 等程序,试验段的道面结构有时是程序设计的结果;试验段的疲劳寿命与试验中施加的荷载有时也需结合程序进行预估。但在运用程序指导试验的过程中,要注意设计模型与实际模型之间的差异,以及系统非线性的影响。例如,由于程序的设计模型假设道面板与基层之间完全光滑,土基在深度方向无限大,因而实测的力学响应往往小于计算值,在这种情况下,若要使两者接近,可按比例增加荷载。再如,预估实际试验段的力学响应或疲劳作用次数时,水泥混凝土的抗弯拉强度不能再用设计强度,而要用现场的实测强度,此时难免还要对程序设定的参数做必要的修改。

3. 足尺试验与缩尺试验相结合

足尺试验与缩尺试验的差异体现在不同的理念和方法论上:足尺试验的宏观模型与实际

更接近,缩尺试验的微观模型与力学模型更相符;足尺试验从宏观出发,采用系统的、综合的和直观的方法,缩尺试验将系统里的部分要素独立出来单独进行研究。

缩尺试验由于低成本与易于操作的优点,一直是路面试验的首选,也可作为足尺试验的有利补充。比如,与道面材料属性相关的研究就离不开传统的缩尺试验,FAA 也从未排斥过缩尺试验,在沥青加铺层反射裂缝试验研究中,拉伸疲劳和抗剪强度试验被用来确定足尺试验的试验参数;在柔性道面足尺试验研究中,沥青面层的疲劳开裂类型有时要结合缩尺试验才能够确定。相较于缩尺试验的简便可控,足尺试验中的不可控因素较多,试验中可能会随时出现意外导致试验终止;试验结束后对试验数据的处理分析难度也较大,甚至有时面临试验失败的风险。这就要求在正式试验前做好风险预判,识别不可控因素,合理选择试验参数,而缩尺试验在这方面将大有用武之地。

1.3.5 足尺试验的实施步骤

一轮完整的足尺试验一般包括试验段施工与传感器布设、预加载、系统调试、正式加载、总结分析这五个阶段。

1. 试验段施工与传感器布设

NAPTF 道面试验段的材料和施工均严格符合材料与施工技术标准 AC150-5370-10H 的规定,采用标准化的材料和工序最大限度地减小变异。施工过程中需同步完成传感器的布设,包括静态和动态两类传感器,静态传感器用来测量、记录道面结构中的温度和湿度情况,动态传感器用来记录荷载引起的应变和位移响应。施工中要注意防止传感器的破坏,特别要针对压实工序可能对传感器造成的损伤采取适当的保护措施和特殊的压实工艺。例如,测量沥青面层应变的 H 型应变计(图 1-21)在施工中极易损坏,在压实工序中要适当加以保护。

图 1-21　H 型应变计

水泥混凝土道面板与基层间的相对竖向位移,以及沥青道面在荷载作用下各结构层内的竖向位移分别由图 1-22a)、图 1-22b)所示的 POT 或 ECS 传感器与 MDD 多点位移传感器测量。POT 传感器和 ECS 传感器能够记录道面板由于荷载或翘曲变形产生的竖向相对位移。MDD 多点位移传感器顶部固定在面层表面,底部分别向下部结构层的不同深度各伸出一个位移探头,以量测道面结构内部的竖向变形。

a)POT与ECS传感器　　　　b)MDD多点位移传感器

图 1-22　竖向位移监测传感器

2. 预加载

在 NAPTF 的室内环境中,板角翘曲一直是一个普遍的现象。翘曲严重的板块与基层间存在不小的脱空,容易引起道面板的 top-down 型开裂,有时会对试验结果造成强烈的干扰,导致试验失败。因此,在正式加载前通常采用较低的双轮荷载在纵向每隔 10in(25.4cm)通行一遍,借助道面板底部埋设的 ECS 传感器测得的弯沉数据,可以了解道面板与下部基层的接触状况。

3. 系统调试

与室内常规试验不同,NAPTF 的足尺试验模型非常接近真实情况,试验设备庞大复杂,在正式试验前通常要进行系统调试以检验模拟加载系统与埋设的各类传感器是否能够独立地正常工作,以及试验系统各组成部分耦合后能否协同工作,若发现传感器数据异常,意味着系统可能存在故障,需要排除。

在有些刚性道面试验中,系统调试还承担着为正式加载阶段确定轮重大小的任务,通常要结合试验目的、试验周期、道面板厚度、水泥混凝土的实际强度,以及初始内应力等因素综合确定。为了将试验耗时控制在合理区间,道面板的实际板底拉应力最好控制在混凝土抗弯拉强度的 80%(DF 为 1.25)左右,为达到这一目标,往往需要反复地调试。

4. 正式加载

正式加载破坏阶段耗时最长、投入最大,会产生海量的试验数据,本阶段工作的重心应放在试验数据的收集上,包括仪器自动记录的响应数据、无损检测数据和日常巡查记录。仪器的响应数据主要用于判别破坏类型、研究破坏机理、建立力学模型;无损检测数据用于提供数据支撑。相比于前两种由仪器收集数据的方式,日常巡查工作最为艰巨,其主要任务是绘制裂缝图谱(图 1-23)、记录道面 PCI 或 SCI。每个加载间歇中研究人员都会对试验段进行仔细巡查,凡是新产生的裂缝都会被标出,按比例绘制到裂缝图谱上,然后按顺序编号,同步填写巡查日志,记录各类病害的产生日期、位置坐标、板块编号、荷载通行次数等,柔性道面还要统计裂缝长度和龟裂面积,车辙深度和表面隆起,形成最原始的第一手资料,保证可追溯。这种可追溯性在总结分析阶段对于探究道面结构的破坏机理十分重要,因为只有把记录下的数据异常变化与对应的表观病害结合起来,才能形成支撑结论的"铁证"。

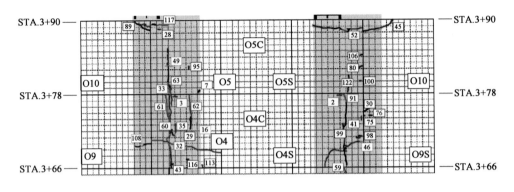

图 1-23　裂缝图谱

5.总结分析

　　总结分析是最具挑战性的、体现足尺试验成果的环节。总结分析的重点是道面结构的破坏模式与机理、模型验证、影响因素分析、程序的验证与标定等,需要综合运用相关力学理论和其他研究手段,从复杂表象中发现、归纳具有普遍性的规律,透过现象看本质,为设计提供借鉴。

第2章
覆盖率与疲劳损伤累积因子

飞机通过起落架对道面施加荷载,在道面结构中产生力学响应,诱发材料的疲劳效应,这构成了道面结构设计的前提和条件。飞机起落架种类繁多,与车辆轴载相比,构型更复杂(图2-1),轮载之间的相互作用更加显著。受飞机行驶时的横向偏移行为和起落架轮载间相互作用的影响,断面上某一点受到的最大力学响应次数——作用次数,往往不等于飞机在这一断面上的通行次数。FAA引入了作用、覆盖率、轴型因子、疲劳损伤累积因子等概念来描述起落架对道面结构的作用,建立飞机与道面结构相互作用力学模型。其中,覆盖率和疲劳损伤累积因子尤为重要。

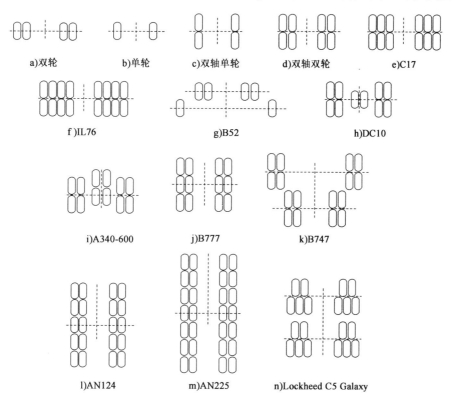

图2-1 飞机起落架构型

20世纪70年代研究人员经过大量观察发现,飞机在高度渠化的跑道和滑行道上的轮迹沿中心线呈正态分布,75%的飞机轮迹都落在轮迹中心线两侧一定宽度范围内,这个宽度称为通行宽度或轮迹偏移宽度。一直以来,我国水泥混凝土道面设计都假定轮迹在通行宽度内平均分布来计算飞机的荷载作用次数 n_e，见式(2-1)：

$$n_e = \frac{0.75 n_w W_t}{1000 T} N_s t \tag{2-1}$$

式中：W_t——单个轮胎的轮印宽度(mm)；

　　t——设计年限；

　　N_s——设计年限内年平均通行次数；

　　n_w——一个起落架的全部轮数；

　　T——通行宽度，一般取 2.3m。

不难看出，当起落架非单轮时，式(2-1)中简单地乘以全部轮胎个数的做法明显过于保守，因为同一机型在道面板中的力学响应峰值并不会集中于断面上的同一点，且不同机型起落架的主轮距不同，不同机型在道面结构中引起的力学响应峰值和疲劳效应也不会集中于同一点。式(2-1)既没考虑轮迹的横向分布，也未考虑不同机型不同的起落架构型，将所有机型的作用次数都加在一起，明显与实际不符。

2.1　覆　盖　率

2.1.1　6D 中的覆盖率

FAA 从 6D 起就改用覆盖率方法计算飞机荷载的作用次数。与车辆行驶一样，飞机行驶在滑行道上时，轮迹只能覆盖一小部分道面宽度，据 FAA 此前的统计，飞机在滑行道上滑行时轮迹近似地沿起落架中心线呈对称的正态分布。为了在道面结构的疲劳损伤计算中考虑这种轮迹横向分布的影响，FAA 专门引入了覆盖率 $\left(\frac{P}{C}\right)$ 的概念，即飞机的通行次数与道面受到的荷载作用次数的比值，是将飞机的通行次数转化成对道面结构的实际作用次数的关键。对特定机型而言，通行次数 P 与实际作用次数 C 有如式(2-2)所示的关系：

$$C = \frac{P}{\left(\dfrac{P}{C}\right)} \tag{2-2}$$

式中：$\left(\dfrac{P}{C}\right)$——覆盖率。

1. 单轮分布概率

若单轮轮印宽度为 W_t，$x=0$ 表示单轮的滑行中心线坐标，它的轮迹分布服从如图 2-2 所示的标准正态分布。

标准正态分布曲线与 x 轴围成的面积按式(2-3)计算：

$$\int_{-\infty}^{+\infty} f(x)\,\mathrm{d}x = \int_{-\infty}^{+\infty} \frac{1}{\sqrt{2\pi}} e^{-\frac{1}{2}x^2}\,\mathrm{d}x = 1 \tag{2-3}$$

单轮在 W_t 内的概率近似为矩形面积 $C_x W_t$（C_x 为分布概率），于是单轮的覆盖率可按式(2-4)、式(2-5)计算：

$$\left(\frac{P}{C}\right) = \frac{1}{C_x W_t} \tag{2-4}$$

$$C_x = f(0) = \frac{1}{\sqrt{2\pi}} = 0.399 \tag{2-5}$$

可见覆盖率定义的是飞机轮迹分布概率的最大值。

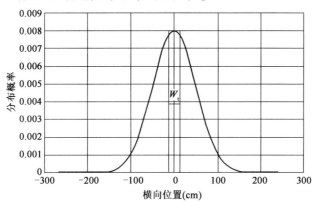

图2-2　单轮轮迹分布

飞机轮迹的普通正态分布可按式(2-6)计算：

$$f(x) = \frac{1}{\sqrt{2\pi}\sigma_x} e^{-\frac{1}{2}\left(\frac{x-\mu}{\sigma_x}\right)^2} \tag{2-6}$$

式中：μ——均值；

σ_x——标准差。

令 $z = \dfrac{x-\mu}{\sigma_x}$，则 z 服从标准正态分布，见式(2-7)：

$$f(z) = \frac{1}{\sqrt{2\pi}} e^{-\frac{1}{2}z^2} \tag{2-7}$$

飞机轮迹的普通正态分布都可以转化为标准正态分布。

普通正态分布下轮迹中心线上的最大分布概率按式(2-8)确定：

$$C_x = f(0) = \frac{1}{\sqrt{2\pi}\sigma_x} \tag{2-8}$$

标准差 σ_x 反映了轮迹偏离程度的大小，飞机速度越快标准差越大，概率分布曲线趋向扁平。跑道、滑行道、机坪及低速运转区的轮迹偏移行为并不完全相同，轮迹分布的标准差 σ_x 见表2-1。

不同部位标准差　　　　　　　　　　　　　　　表2-1

部位	跑道	滑行道	机坪及低速运转区
σ_x(in)	30.4	19.7	0

以75%的轮迹偏移宽度70in(1.8m)为例，标准正态分布概率的75%的分位点为 $f_{75\%} = 1.15$。标准差为 $\sigma_x = \dfrac{70/2}{1.15} = 30.43$，$C_x = f(0) = \dfrac{0.399}{30.43} = 0.0131$。

2. 双轮分布概率

对于双轮起落架，若两个主起落架间距大于4m，两个起落架的轮迹很难互相干扰，因此，只需要分析其中一个起落架。假设一个起落架的两只轮子互相独立,双轮轮迹的分布概率可以叠加(图2-3),叠加后仍服从正态分布。若轮距为 S_t,仍然可以利用标准差 σ_x 算出双轮起落架的分布概率,见式(2-9):

$$C_x = \frac{1}{\sqrt{2\pi}\sigma_x}\left[e^{-\frac{1}{2}\left(\frac{x-S_t}{\sigma_x}\right)^2} + e^{-\frac{1}{2}\left(\frac{x}{\sigma_x}\right)^2}\right] \tag{2-9}$$

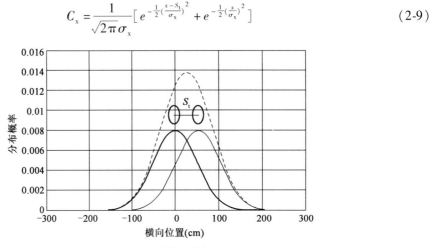

图2-3 双轮轮迹分布

3. 多轴起落架分布概率

刚性道面主要是以挠曲变形来承受荷载作用,双轴双轮起落架以一个整体作用在道面板上,通过一次只在道面板内部产生与单轴相似的一次最大响应,因此,双轴双轮通过一次只产生一次作用。柔性道面与之相反,道面结构受到的最大力学响应的次数与轴数相等,双轴双轮起落架的覆盖率按式(2-10)计算:

$$\left(\frac{P}{C}\right) = \frac{1}{2C_x W_t} \tag{2-10}$$

由此可知,6D 中的覆盖率与飞机起落架的轴型、轮印宽度及道面类型有关,见表2-2。应当指出,6D 里的覆盖率主要是针对飞机轮迹分布而言的,可称为基于轮迹横向分布的覆盖率,与 6E 以后的基于峰值响应的覆盖率是有所区别的。

6D 中的覆盖率 表2-2

起落架或机型	覆盖率(刚性/柔性)	起落架或机型	覆盖率(刚性/柔性)
单轮	5.18	B757	3.88/1.94
双轮	3.48	B767	3.90/1.95
双轴双轮	3.68/1.84	C130	4.15/2.07
A300ModleB2	3.51/1.76	DC10-10	3.64/1.82
B747	3.70/1.85	L101	3.62/1.81

2.1.2 基于峰值响应的覆盖率

FAA 从 6E 起改用力学经验设计方法,刚性道面采用三维有限元方法计算道面板板底拉应力;柔性道面采用弹性层状体系计算土基顶面垂直压应变及沥青层底拉应变,并确立了依据疲劳损伤累积因子判别疲劳的原则。设计方法的改进意味着过去的基于轮迹横向分布的覆盖率也要作相应的调整:①确保覆盖率的定义与设计方法相匹配,与力学计算和疲劳损伤量化方法相适应;②覆盖率的定义应能够适应新出现的复杂起落架的需要,以具有广泛的适用性。于是,一种与力学指标相关联,同时又体现轮迹横向分布和纵向轴型因素的覆盖率被提了出来,新的覆盖率与6D中仅基于轮迹横向分布的覆盖率相比,存在两处重大差异:

(1)将跑道中心线两侧的道面划分为82条宽10in(25.4cm)的条带,考虑到不同机型主轮距的差异及起落架轮迹的横向偏移行为,不同条带中道面材料的疲劳损伤相差悬殊,在设计时要考虑疲劳损伤的这种不均衡分布特征,以其中最不利的条带作为设计的控制条件。因此,新的覆盖率是针对道面条带而言的,需逐条计算这82条条带上的覆盖率。

(2)经验设计法中的覆盖率仅考虑了轮迹横向分布,与道面结构中的力学响应之间未建立起对应关系。力学经验设计方法试图在飞机行为与道面结构力学响应之间建立起联系,"覆盖"就意味着某条带内道面结构中经历了一次峰值力学响应——刚性道面中板底拉应力达到最大,柔性道面中土基顶面压应变达到最大。因此,新的覆盖率是基于峰值响应的,综合考虑了起落架构型与道面结构因素,可称为基于峰值响应的覆盖率。

1.基本概念

基于峰值响应的覆盖率建立在等效轮迹宽度假设的基础上,同时涉及横向覆盖率和纵向轴型因子这两个概念。

1)等效轮迹宽度

单轮荷载作用下柔性道面土基中的应变分布如图2-4所示,在扩散宽度 B 内应变是一个波峰而不是以均值分布,设计中关心的是应变的峰值,应变达到峰值的次数就是实际作用的次数。如何将这个峰值与荷载作用次数关联起来,这里就需要借助等效轮迹宽度假定。根据这个假定,只要等效轮迹宽度边缘的应变值与峰值相差不大,就可以近似认为在这个宽度内应变以峰值均布,这样就为计算力学响应和作用次数确定了一个范围。

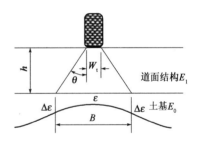

图2-4 道面结构应变响应

研究人员对等效轮迹宽度作了进一步研究,提出等效轮迹宽度与道面结构层的广义相对刚度 $\lambda\left[\lambda=\dfrac{E_1(1-\mu_0{}^2)}{E_0(1-\mu_1{}^2)}(E_1,\mu_1$ 和 E_0,μ_0 分别为道面结构层与土基的模量与泊松比)$\right]$ 有关。一旦道面材料参数确定,等效轮迹宽度就只是道面结构厚度的单值函数。假定等效轮迹宽度的边缘应变为峰值的80%,回归得到的扩散角 θ 与 λ 的关系见式(2-11):

$$k=\tan\theta=0.133+0.095\lambda^{0.208}(R^2=0.999)\qquad(2-11)$$

经试算,在常见的柔性道面结构参数范围内,式(2-11)预估的等效轮迹宽度的误差在5%以内。

FAA进一步将等效轮迹宽度与广义相对刚度 λ 脱钩,规定荷载以1:2的斜率从道面表面往土基顶面扩散。这样做虽然牺牲了部分精度,但在误差容许范围内对绝大多数道面结构都适用,具体如图2-5a)、图2-5b)所示。柔性道面的疲劳验算大多以土基为对象,当荷载以规定的扩散角向下扩散时,等效轮迹宽度与道面结构总厚度 H 有关。若道面结构较薄[图2-5a)],双轮的扩散投影不搭接,等效轮迹宽度为单轮的扩散宽度,见式(2-12):

$$W_{eq}=W+H\qquad(2-12)$$

式中:W——轮印宽度(in);

　　H——道面结构层厚度(in)。

　　若道面结构较厚,双轮的扩散投影相互搭接[图2-5b)],等效轮迹宽度为这一组双轮的总扩散宽度,见式(2-13):

$$W_{eq} = W + H + T \tag{2-13}$$

式中:T——双轮距(in)。

　　对于刚性道面[图2-5c)],疲劳验算以道面板为对象,荷载直接作用于道面表面,等效轮迹宽度就等于轮胎与道面接触面上轮印的实际宽度。

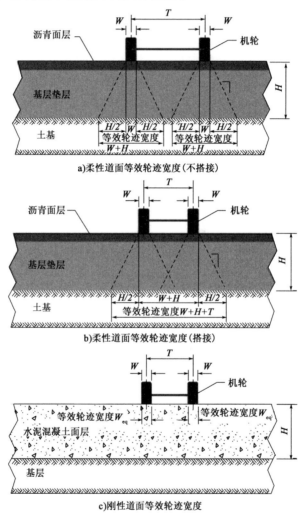

图2-5　三种等效轮迹宽度

　　2)横向覆盖率$\left(\dfrac{P}{C}\right)_i^j$

　　横向覆盖率$\left(\dfrac{P}{C}\right)_i^j$(角标$j$表示条带编号,$i$表示机型编号)只考虑轮迹的横向分布特性,规定当轮印形心落在条带宽度内时条带就受到了该轮的作用,这种概率的大小取决于等效轮迹宽度。刚性道面上第 j 根条带的横向覆盖率按式(2-14)计算：

$$\left(\frac{P}{C}\right)_i^j = 1 \Big/ \sum_{k=1}^{N_t} P\left[\left(x_j - \frac{W}{2}\right) \leqslant x_k \leqslant \left(x_j + \frac{W}{2}\right)\right] \tag{2-14}$$

柔性道面上第 j 根条带的横向覆盖率按式(2-15)计算：

$$\left(\frac{P}{C}\right)_i^j = 1 \Big/ \sum_{k=1}^{N_t} P\left[\left(x_j - \frac{W_{eq}}{2}\right) \leqslant x_k \leqslant \left(x_j + \frac{W_{eq}}{2}\right)\right] \tag{2-15}$$

式中：$P\left[\left(x_j - \frac{W}{2}\right) \leqslant x_k \leqslant \left(x_j + \frac{W}{2}\right)\right]$——第 k 个轮子的形心落到 $\left(x_j - \frac{W}{2}, x_j + \frac{W}{2}\right)$ 之内的概率；

x_j——第 j 根条带距离中线的距离；

W_{eq}——等效轮迹宽度，$W_{eq} = W + H$ 或 $W + H + T$；

N_t——单根轴上的轮子数，取 1 或 2。

从横向覆盖率的定义可以进一步看出，等效轮迹宽度假定只适合单侧只有一个起落架的机型，对于像 A380、B747 这样具有复合起落架的机型，运用等效轮迹宽度假定计算横向覆盖率有一个适用条件，那就是飞机起落架之间的相互作用影响程度不能太大，若相互影响超过一定程度仍按该假定计算覆盖率，可能引起较大误差。

在等效轮迹宽度假定下，道面条带的一次覆盖实质上就是道面结构内力学响应指标达到一次峰值。虽然将条带划分为 10in(25.4cm) 宽为计算覆盖率牺牲了部分力学响应的计算精度，但总的来说误差不大，能够满足设计的需要。

3) 纵向轴型因子 F_{tnd}

对于纵向多轴起落架，覆盖还要考虑轮载在纵向的重复作用。如图 2-6 所示，若后轮轮印的形心落在"领头"轮的轮印宽度内，则认为位于后面的轮子与"领头"轮一样也达到了覆盖的效果，计算覆盖率时除了"领头"轮还要考虑后轮对作用次数的影响。

目前大多数民用飞机的轴距在 $1.01 \sim 2.04$m，起落架纵向多轴的作用可用纵向轴型因子 F_{tnd} 表示。刚性道面规定前后轴距小于 182.9cm 的双轴按单轴计，大于 182.9cm 的多轴按实际轴数计。柔性道面分为以下三种情况，如图 2-7 所示，F_{tnd} 按式(2-16)确定：

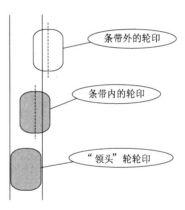

图 2-6 轮载在纵向的重复作用示意

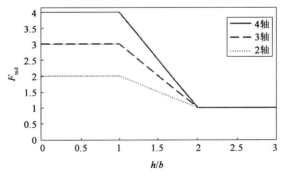

图 2-7 轴型因子

$$\begin{cases} F_{tnd}=1,\dfrac{h}{b}\geqslant 2 \\ F_{tnd}=N-(N-1)\times\left(\dfrac{h}{b}-1\right),1<\dfrac{h}{b}<2 \\ F_{tnd}=N,\dfrac{h}{b}\leqslant 1 \end{cases} \quad (2-16)$$

式中:b——前后轴距;

$\quad\quad h$——土基以上的道面结构层厚度;

$\quad\quad N$——轴数。

(1)当$\dfrac{h}{b}\geqslant 2$时,纵向轴距较小,投射到土基顶面上的等效轮迹宽度前后有搭接,纵向多轴可按一个整体对待,轴距因子为1,对应于图2-7右侧的水平段,这时由于相互作用力学响应的峰值远大于其余的极值,计算覆盖率只考虑其中的峰值响应。

(2)当$\dfrac{h}{b}\leqslant 1$时,纵向轴距较大,投射到土基顶面上的等效轮迹宽度不搭接,每根轴上的轮载单独计算,不能合并,对应于图2-7中左侧的水平段,这时由于相互作用不明显,力学响应的峰值与其余的极值相差不大,计算覆盖率应将每根轴引起的极值响应同等对待。

(3)当$1<\dfrac{h}{b}<2$时,轴距位于两者之间,此时的多轴起落架在纵向既不能合并为一个,又不能分开单独考虑,最简单的办法是插值,相当于图2-7中的斜线段。

推广到N根轴的情况,F_{tnd}按式(2-17)确定:

$$F_{tnd}=F_{12}+F_{23}+\cdots+F_{(N-1)N}-(N-2) \quad (2-17)$$

当$N=2$时,$F_{tnd}=F_{12}$;当$N=3$时,$F_{tnd}=F_{12}+F_{23}-1$。

引入了纵向轴型因子的覆盖率为$\left(\dfrac{P}{C}\right)_i^j/F_{tnd}$,有时为了叙述方便也将前者的倒数$\left(\dfrac{C}{P}\right)_i^j F_{tnd}$称为覆盖率。

从循环加载角度来看,产生一个应变极值意味着经历了一次类似于疲劳试验中的加载、卸载过程。从图2-8可以看出,B777的三轴起落架在土基表面产生了3个压应变极值,中轴产生的压应变峰值略高。结合图2-8可以看出纵向轴型因子F_{tnd}的意义:

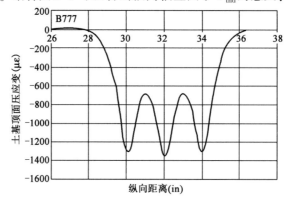

图2-8 多轴起落架下土基顶面应变沿纵向的分布

（1）若应变曲线中存在一个较大的应变峰值，且其他几个次应变极值较小又距离较近，则这几个应变极值的加载、卸载过程不完整，$F_{tnd}=1$ 意味着几个次应变极值引起的疲劳损伤被忽略了。

（2）若应变曲线中的应变峰值与其他几个次应变极值差别不大，且距离较远，则几个应变极值的加载、卸载过程接近完成，$F_{tnd}=N$ 意味着几个次应变极值对土基造成的疲劳损伤都按峰值累计了，这显然是有所放大的。

2.覆盖率影响因素

覆盖率$\left(\dfrac{C}{P}\right)_i^j F_{tnd}$综合体现了起落架的构型和几何尺寸、起落架的横向偏移特性，以及道面结构厚度对作用次数的影响。先看柔性道面结构厚度对覆盖率的影响，图 2-9a）是 B777-200 在不同道面结构厚度下的覆盖率。从图中可以看出：曲线为单峰波型，覆盖率$\left(\dfrac{C}{P}\right)_i^j F_{tnd}$峰值的位置几乎不变，其峰值先随道面结构厚度的增大而增大，但当道面结构厚度达到93in（236.2cm）时，覆盖率峰值反而下降到1。这可以理解为随着道面厚度的增加，双轮形成的等效轮迹宽度叠加，轮印形心落在某条带内的概率也随之增大，导致覆盖率变大；当道面超过一定厚度以后，纵向上原本不搭接的前后轴也搭接了，于是部分抵消了横向搭接对提高覆盖率的贡献，覆盖率反而下降。

其次是起落架构型和几何尺寸对覆盖率的影响，图 2-9b）反映了 A380 的覆盖率随道面结构厚度变化的情况。可以看出 A380 的机腹起落架（三轴双轮）和机翼起落架（双轴双轮）的覆盖率有明显差别，根本原因是轴型不同。

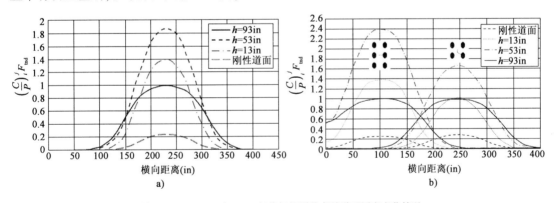

图 2-9　B777-200 和 A380 起落架的覆盖率随道面厚度变化情况

综上所述，道面结构厚度、起落架构型和几何尺寸对覆盖率有决定性影响，两者都是通过影响等效轮迹宽度间接影响覆盖率$\left(\dfrac{C}{P}\right)_i^j F_{tnd}$。

2.2　疲劳损伤累积因子CDF

道面设计通常面对包含多种机型的混合交通，这些飞机的起落架构型和轮载都千差万别。

过去的经验设计方法首先要借助"设计机型",将所有不同机型的交通量转化为设计机型的交通量,这种"归一"并不要求精确计算每一种机型在道面结构中产生的力学响应,其本身就有很大的不确定性。基于疲劳损伤的力学经验设计方法直接计算道面材料的疲劳损伤,各机型都被"一视同仁",无须再进行"归一",概念更加明晰。疲劳原理为道面设计与评价确立了一个共同的前提和基础。

2.2.1 疲劳损伤累积因子 CDF 的计算

1. Miner 假设

道面材料在承受反复应力作用时,会在低于静载作用的极限强度下出现破坏,这种材料强度的降低现象称为疲劳。出现疲劳破坏是由于材料内部存在的瑕疵或微裂隙导致的,材料在荷载作用下发生应力集中,从而出现新的微裂隙或使已有裂隙扩展。应力的反复作用使得微裂隙逐渐增多、扩展,不断减少有效的应力承受面积,最终在反复作用一定次数后发生开裂破坏。虽然道面材料和土体大都是典型的非线性材料,但在一定范围内也都有接近线性的力学疲劳特性,是否可以用线性累积的方式度量道面材料的疲劳损伤呢?

Miner 在 1945 年研究铝合金疲劳时,假设各级应力作用下的材料所出现的疲劳可以线性叠加。某一应力级位 Q_i 的疲劳寿命为 N_i,则该应力作用一次所产生的疲劳为 $\frac{1}{N_i}$。如有应力级位 Q_1、Q_2、Q_3…,其疲劳寿命分别为 N_1、N_2、N_3…,则它们分别作用 n_1、n_2、n_3…次所损耗的疲劳分别为 $\frac{n_1}{N_1}$、$\frac{n_2}{N_2}$、$\frac{n_3}{N_3}$…,材料在反复应力作用 N 次后累积的疲劳按式(2-18)确定:

$$D = \sum_{i=1}^{N} \frac{n_i}{N_i} \qquad (2-18)$$

Palmgren 和 Miner 在研究混凝土梁试件的疲劳行为时也发现,尽管随着加荷情况的不同会有一定偏差,但与混凝土强度和疲劳寿命的大变异性相比,这种偏差并不影响上述假设的成立,假设仍然合理地反映了混凝土材料的疲劳累积规律。应用 Miner 假设判别路面是否发生疲劳破坏的方法,最早来自波特兰水泥协会针对混合交通提出的水泥混凝土路面设计方法。

2. CDF 的概念

FAA 在 6E 中首次提出了疲劳损伤累积因子 CDF。对于某一特定飞机 i,根据 Miner 假设,这架飞机在道面结构某部位引起的 CDF_i 可按式(2-19)确定:

$$\text{CDF}_i = \frac{C_i}{C_{if}} \qquad (2-19)$$

式中:C_i——该飞机的作用次数;

C_{if}——在该飞机作用下材料达到破坏时的允许作用次数。

若改用通行次数 P_i,CDF_i 可按式(2-20)确定:

$$\text{CDF}_i = \frac{P_i \cdot F_{\text{tnd}}}{\left(\frac{P}{C}\right)_i^j \cdot C_{if}} \qquad (2-20)$$

3. CDF 的近似计算

计算 CDF 时设计程序会自动将跑道中心约 820in(20.8m)的宽度范围沿纵向分成 82 条宽 10in(25.4cm)的条带,根据覆盖率 $\left(\dfrac{C}{P}\right)F_{\text{tnd}}$ 和通行次数 P_i 计算每一机型在所有条带上的作用次数,然后结合力学分析和疲劳方程算出每个机型在每一条带上造成的疲劳损伤。对于道面条带 j 来说,其上通过的 n 种机型都产生了疲劳损伤,这些疲劳损伤根据 Miner 假设可以按式(2-21)叠加:

$$\text{CDF}^j = \sum_{i=1}^{n}\text{CDF}_i^j = \sum_{i=1}^{n}\frac{P_i \cdot F_{\text{tnd}}}{\left(\dfrac{P}{C}\right)_i^j \cdot N_i} \tag{2-21}$$

式中:CDF_i^j——j 条带上 i 机型产生的疲劳损伤因子;

$\left(\dfrac{P}{C}\right)_i^j$——某机型 i 在第 j 根条带上的横向覆盖率;

P_i——该机型的通行次数;

N_i——道面材料在该机型作用下的允许作用次数。

若所有条带中疲劳损伤最大的条带所累积的疲劳损伤达到 1,即 $\max(\text{CDF}^j) = \max(\sum_{i=1}^{n}\text{CDF}_i^j) = 1$,则意味着疲劳损伤累积最大的条带已达到临界疲劳破坏条件,而道面结构是否破坏取决于疲劳损伤最大的那根条带,因而整个道面结构达到疲劳设计破坏标准。在道面设计中,$\max(\text{CDF}^j)$ 被当作判别道面结构是否发生疲劳破坏的判别指标;$\max(\text{CDF}^j) < 1$ 表示道面不会发生破坏,仍有剩余寿命;$\max(\text{CDF}^j) \geq 1$ 表示道面疲劳寿命已经耗尽,理论上已发生疲劳开裂。道面设计的目标是保证 $\max(\text{CDF}^j)$ 不超过 1,通常将 $\max(\text{CDF}^j)$ 控制在 0.80~1.10。

图 2-10 是一组混合交通在道面各条带中产生的 CDF^j 的横向分布,图中标注的数值为每个机型的最大 CDF 与对 $\max(\sum_{i=1}^{n}\text{CDF}_i^j)$ 的贡献值。要注意区分每个机型的最大 CDF 与对 $\max(\sum_{i=1}^{n}\text{CDF}_i^j)$ 的贡献这两个量,在道面设计中起控制作用的是 $\max(\sum_{i=1}^{n}\text{CDF}_i^j)$,而不是 $\sum_{i=1}^{n}\max(\text{CDF}_i^j)$,即只有被累积进 $\max(\sum_{i=1}^{n}\text{CDF}_i^j)$ 的飞机引起的疲劳损伤才有效。图 2-10 中对 $\max(\sum_{i=1}^{n}\text{CDF}_i^j)$ 贡献最大的机型是 B777-300ER,其次是 A350-900 和 B787-8,A321-200 的 CDF 虽然也较大,但对 $\max(\sum_{i=1}^{n}\text{CDF}_i^j)$ 的贡献并不大,可见,这两个量之间并不一定有必然的联系。

CDF 实现了对疲劳损伤的直接度量,免去了按设计机型归一的环节。由于不同机型的起落架主轮距不同,再加上横向偏移产生的疲劳效应不会集中在同一个部位,按设计机型归一实际上高估了道面材料的疲劳损伤,用 CDF 计算的疲劳损伤更接近实际,能找到道面结构中疲劳损伤最大的部位。

需指出的是,基于 CDF 的设计方法本质上是建立在力学指标上的力学方法,CDF 要结合具体力学指标进行计算,包括土基顶面压应变、沥青面层底拉应变、道面板底拉应力、半刚性基层底拉应力等。由于设计模型与实际模型之间的差别,CDF 又无法直接测量,作为疲劳破坏的判别指标,要求用足尺试验的手段对疲劳方程作严格的标定。

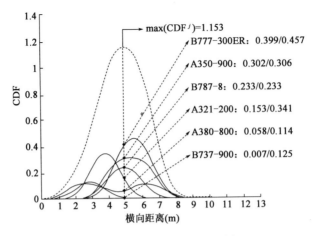

图 2-10　各机型起落架的 CDF 分布

4.复杂起落架作用

柔性道面力学分析首先面临如何确立研究对象的问题,尤其是面对复杂的起落架。在稍早的设计程序 LEDFAA1.2 中,计算 B747 引起的土基顶面最大压应变所用的起落架荷载是其中一个双轴双轮荷载(4 轮),但没能找出土基顶面的最大压应变。A380 投入商业运营后,由于 A380 的 4 个主起落架同时包含了双轴和三轴两种不同轴型,不能再沿用过去像对待 B747 那样取其中一个起落架作为研究对象了。此外,对这种具有复杂起落架的机型进行力学分析时,单取其中一个或部分起落架来研究可能存在风险,因此,需要对复杂起落架开展专门研究。

1)起落架组合及力学验算点

图 2-11 分别表示 B747 和 A380 两种机型起落架的三种不同组合方式:A 组合将各个起落架分别视为研究对象,B 组合将中间的两个机腹起落架当作一个整体进行研究,C 组合将所有起落架当作一个整体进行研究。

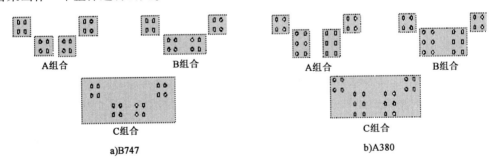

a)B747　　　　　　　　　　　　　　　　　　b)A380

图 2-11　B747 和 A380 的起落架组合方式

三种道面结构厚度组合见表 2-3。

道面结构层组合　　　　　　　　　　　　　　　　　　　表 2-3

结构层	S1(CBR = 3)	S2(CBR = 8)	S3(CBR = 15)
面层(in)	5	5	5
稳定基层(in)	8	8	5

续上表

结构层	S1(CBR = 3)	S2(CBR = 8)	S3(CBR = 15)
粒料垫层	设计层		
土基	无限深		

图 2-12 中的"×"表示应变验算点,为了找出最大压应变位置,在起落架各轮间的 8 个验算点之外还增加了 30 个验算点的阵列。

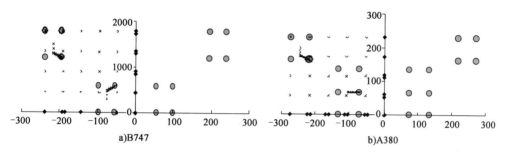

图 2-12 B747 和 A380 的力学验算点

2)道面结构厚度对最大压应变的影响

表 2-4 汇总了用弹性层状体系计算出来的 B747 和 A380 的不同起落架组合下的土基顶面最大压应变。

B747 与 A380 不同起落架组合下的土基顶面最大压应变 表 2-4

B747 起落架组合(轮数)		土基顶面最大压应变(×10⁻³)			A380 起落架组合(轮数)		土基顶面最大压应变(×10⁻³)		
		S1(60.1in)	S2(28.1in)	S3(19.7in)			S1(69.0in)	S2(28.4in)	S3(20.6in)
A	机翼起落架(4)	0.9768	1.173	1.181	A	机翼起落架(4)	0.8015	1.156	1.189
	机腹起落架(4)	0.9768	1.173	1.181		机腹起落架(6)	0.9676	1.166	1.163
B	机翼起落架(4)	0.9768	1.173	1.181	B	机翼起落架(4)	0.8015	1.156	1.189
	机腹起落架(8)	1.105	1.157	1.169		机腹起落架(12)	1.077	1.145	1.154
C	所有起落架(16)	1.178	1.153	1.170	C	所有起落架(20)	1.154	1.136	1.169

可以看出,一方面随着起落架数量的增加,计算的最大压应变逐渐接近以全部起落架为研究对象计算出来的精确值;另一方面,道面结构越厚,起落架间相互作用的影响越明显,且这种相互作用有叠加和抵消两种效应。

3)不同起落架组合下的 CDF

理论上 CDF 取决于实际作用次数和允许作用次数。允许作用次数受荷载引起的最大垂直压应变 ε_v 控制,实际作用次数为交通量乘以覆盖率 $\left(\dfrac{C}{P}\right)_i^j F_{\text{tnd}}$,覆盖率又与最大垂直压应变产生的位置有关。这里无论是最大垂直压应变,还是覆盖率都取决于不同的起落架组合方式,因而 CDF 的差异完全可归于起落架组合方式的差异。以 B747 作用于 S1 为例,采用近似法计算出的不同起落架组合下的 CDF 见表 2-5,可以看出,三种组合方式下的 CDF 计算结果差异较大,表明 CDF 对选取的研究对象具有高度敏感性和依赖性。

B747 不同起落架组合下的 CDF 表 2-5

分组	起落架(总轮数)	应变	失效作用次数	关键条带上的覆盖率	24000 次通过下的 CDF	
A	机翼起落架(4)	0.9768×10^{-3}	417844	0.002725538	0.0002	0.07
	机腹起落架(4)	0.9768×10^{-3}	417844	1.216338	0.0698	
B	机翼起落架(4)	0.9768×10^{-3}	417844	0.002725538	0.0002	0.4025
	机腹起落架(8)	1.105×10^{-3}	72567	1.216338	0.4023	
C	所有起落架(16)	1.178×10^{-3}	29101	1.217592	1.0042	1.0042
采纳	机翼起落架(16)	1.045×10^{-3}	159589	0.002725538	0.0004	1.0035
	机腹起落架(16)	1.178×10^{-3}	29101	1.216338	1.0031	

从表中可以看出,尽管组合 A 和 B 的最大压应变不同,但覆盖率却一致,表明产生最大压应变的条带一致;由于考虑了附加轮载的作用,组合 B 的最大压应变比 A 稍大,但还不是实际产生的最大压应变,实际最大压应变是用组合 C 中全部 16 个轮载计算得到的,位于靠近机腹起落架的某个位置。虽然组合 B 和 C 的覆盖率只有微小差异,但得出的 CDF 差别却很大。柔性道面设计程序折中采纳了组合 A、B 的覆盖率和组合 C 的最大压应变,而不用组合 C 中产生最大压应变的条带的覆盖率,CDF 也不是取组合 C 中的最大值,这是为了维护等效轮迹宽度假定。

从图 2-5 上可以看出,等效轮迹宽度是针对单个起落架的双轮而言的,假定从表面传递来的荷载以 1:2 的扩散角扩散下来,土基顶面最大压应变就出现在这个等效轮迹宽度的范围内。但若将多个互相影响的起落架视为一个整体,由于轮载间的相互叠加效应,可能会使土基顶面产生最大压应变的位置溢出这个等效轮迹宽度,即等效轮迹宽度假定不再成立,C 组合中将 16 个轮载视为一个整体就属于这种情况。之所以选择 C 组合的最大压应变和 B 组合的覆盖率,无非是在尽量满足力学响应精度要求的前提下,使等效轮迹宽度假定成立。只有基于等效轮迹宽度假定才能认为该条带被覆盖,若是溢出了等效轮迹宽度则覆盖就不再成立。为了使出现最大力学响应的条带被覆盖,就要使其位于等效轮迹宽度范围内。于是产生最大力学响应的条带与计算覆盖率所选择的条带发生分离。需要注意的是,若出现了起落架间的互相影响程度更大的起落架组合,导致最大压应变的位置溢出等效轮迹宽度较远,这种情况下若再继续保持等效轮迹宽度假定,将会使计算的覆盖率失真,从而引起较大误差。

5. 积分法计算 CDF

假设平行于滑行中线为 x 方向,垂直于滑行中线为 y 方向,在 $y = y_i$ 条带上若只有一种机型,条带 i 的疲劳损伤应按式(2-22)计算:

$$\mathrm{CDF}^i = \frac{P \cdot F_{\mathrm{tnd}}}{\left(\dfrac{P}{C}\right)^i \cdot N_i} \tag{2-22}$$

式(2-22)中的 $\dfrac{F_{\mathrm{tnd}}}{N_i}$ 可视为飞机起落架通过一次在条带 i 中引起的疲劳损伤,由于 $\dfrac{F_{\mathrm{tnd}}}{N_i}$ 只与 y_i 有关,而与 x 无关,实际上忽略了峰值之间的差异,相当于将每根轴引起的疲劳损伤视作相同,与实际有较大差别,尤其是柔性道面结构下的土基顶面压应变,各轴的应变峰值差别较大,引起的疲劳损伤也有所差异,因此,有必要考虑各轴峰值响应的这种差异以如实反映各轴产生的疲劳损伤。从纵向轴型因子 F_{tnd} 的定义来看,当 $1 < \dfrac{h}{b} < 2$ 时,规定采用线性插值仅仅是一种简化的计算方法,缺乏理论依据,用来计算疲劳损伤会带来较大的误差,因此 FAA 在 6F 中提出了用积分计算疲劳损伤的方法,见式(2-23):

$$\text{CDF}^i = \left(\frac{C}{P}\right)^i PD(y_i) \tag{2-23}$$

式中: $D(y_i)$ ——起落架单次作用造成的疲劳损伤。

与之形成对照的式(2-22)可称作 CDF 的近似算法。

1)积分法计算原理

在 $y = y_i$ 这根条带上,起落架单次作用造成的疲劳损伤,可按式(2-24)计算:

$$D(y_i) = \int_{-\infty}^{+\infty} H\left(\frac{\mathrm{d}\varepsilon(x,y_i)}{\mathrm{d}x}\right)\mathrm{d}D_e(\varepsilon(x,y_i)) = \int_{-\infty}^{+\infty} H\left(\frac{\mathrm{d}\varepsilon(x,y_i)}{\mathrm{d}x}\right)\mathrm{d}\left(\frac{1}{N(\varepsilon(x,y_i))}\right) \tag{2-24}$$

式中: $H(x)$ ——Heaviside 阶跃函数,可按式(2-25)确定:

$$H(x) = \begin{cases} 1, x > 0 \\ 0, \text{其他} \end{cases} \tag{2-25}$$

积分法的好处是可以精确考虑所有的响应极值引起的疲劳损伤,每根轴从零加载到极值再卸载的过程中所产生的疲劳损伤都被计入起落架的单次作用产生的疲劳损伤累积因子 $D(y_i)$ 里,比近似计算法中将各轴引起的力学响应都按峰值来计算 CDF^i 更加精确,更客观地反映了实际多轴起落架的作用。

对于单轴起落架仅有一个应变峰值的情况, D 可按式(2-26)确定:

$$D = \int_{-\infty}^{+\infty} \frac{\mathrm{d}D_e(\varepsilon)}{\mathrm{d}\varepsilon} \frac{\mathrm{d}\varepsilon(x)}{\mathrm{d}x} H\left[\frac{\mathrm{d}\varepsilon(x)}{\mathrm{d}x}\right]\mathrm{d}x = \int_{-\infty}^{x_{\text{peak}}} \frac{\mathrm{d}D_e(\varepsilon)}{\mathrm{d}\varepsilon} \frac{\mathrm{d}\varepsilon(x)}{\mathrm{d}x}\mathrm{d}x$$

$$= \int_{\varepsilon(-\infty)}^{\varepsilon(x_{\text{peak}})} \frac{\mathrm{d}D_e(\varepsilon)}{\mathrm{d}\varepsilon}\mathrm{d}\varepsilon = D_e(\varepsilon(x_{\text{peak}})) - D_e(\varepsilon(-\infty)) = \frac{1}{N(\varepsilon_{\max})} \tag{2-26}$$

式(2-26)相当于 F_{tnd} 为 1 的情况。对应于有 n 个应变峰值的情况,式(2-24)可以写成:

$$D = \int_{-\infty}^{+\infty} H\left(\frac{\mathrm{d}\varepsilon(x)}{\mathrm{d}x}\right)\mathrm{d}D_e(\varepsilon) = \int_{-\infty}^{x_1} H\left(\frac{\mathrm{d}\varepsilon(x)}{\mathrm{d}x}\right)\mathrm{d}D_e(\varepsilon) + \sum_{k=1}^{n-1}\int_{x_k}^{x_{k+1}} H\left(\frac{\mathrm{d}\varepsilon(x)}{\mathrm{d}x}\right)\mathrm{d}D_e(\varepsilon) +$$

$$\int_{x_n}^{+\infty} H\left(\frac{\mathrm{d}\varepsilon(x)}{\mathrm{d}x}\right)\mathrm{d}D_e(\varepsilon) \tag{2-27}$$

其中右边第一项 $\int_{-\infty}^{x_1} H\left(\dfrac{d\varepsilon(x)}{dx}\right) dD_e(\varepsilon) = \int_{-\infty}^{x_1} dD_e(\varepsilon) = D_e(\varepsilon(x_1)) - D_e(\varepsilon(-\infty)) = $

$D_e(\varepsilon_1)$。右边第三项由于 $H\left(\dfrac{d\varepsilon(x)}{dx}\right) = 0$,所以 $\int_{x_n}^{+\infty} H\left(\dfrac{d\varepsilon(x)}{dx}\right) dD_e(\varepsilon) = 0$。右边第二项中,若 x_k

对应于应变极大值,x_{k+1} 必对应于应变极小值,则在 (x_k, x_{k+1}) 中,由于 $\dfrac{d\varepsilon(x)}{dx} < 0$,故

$H\left(\dfrac{d\varepsilon(x)}{dx}\right) = 0$,$\int_{x_k}^{x_{k+1}} H\left(\dfrac{d\varepsilon(x)}{dx}\right) dD_e(\varepsilon) = 0$。

若 x_k 对应于应变极小值,x_{k+1} 必对应于应变极大值,由于 $\dfrac{d\varepsilon(x)}{dx} > 0$,故 $H\left(\dfrac{d\varepsilon(x)}{dx}\right) = 1$,则

$\int_{x_k}^{x_{k+1}} H\left(\dfrac{d\varepsilon(x, y_i)}{dx}\right) dD_e(\varepsilon) = \int_{x_k}^{x_{k+1}} dD_e(\varepsilon) = D_e(\varepsilon_{k+1}) - D_e(\varepsilon_k)$。于是式(2-27)可以写成

式(2-28):

$$D = D_e(\varepsilon_1) + \sum_{k=2}^{n-1} \left[D_e(\varepsilon_{k+1}) - D_e(\varepsilon_k) \right] \tag{2-28}$$

式中,n 表示应变极值个数,k 为偶数。

D 可统一表达为式(2-29)的形式:

$$D = \sum_{k=1}^{n} s_k D_e(\varepsilon_k) \tag{2-29}$$

s_k 按式(2-30)确定:

$$s_k = \begin{cases} 1, & \varepsilon_k \text{ 为极大值} \\ -1, & \varepsilon_k \text{ 为极小值} \end{cases} \tag{2-30}$$

以上就是 D 的通用表达式。积分法表明,不能从条带单次作用下的疲劳损伤 CDF^i 中将纵向轴型因子独立出来,轴型与疲劳损伤息息相关,不能看作是一个独立的变量。换言之,与计算作用次数时不同,计算 CDF 所采用的覆盖率应仅包含横向的分布概率,而不宜把纵向轴型因子考虑进去。

2)近似法与积分法计算结果对比

下面对近似法和积分法得出的土基 CDF 进行比较。假定柔性道面结构层总厚度为 24in(61.0cm),年起飞架次为 1200 次,两种起落架分别为 2D-400[双轴双轮,总质量 400000lb(181436kg)] 和 3D-600(B777-200 三轴双轮,总质量 658000lb(298463kg)),CDF 结果如图 2-13a)所示。从图上可以发现,对于 24in(61.0cm)的柔性道面结构厚度,双轴起落架的计算结果完全一致,但三轴的计算结果差异较大,近似法得出的 CDF 偏大。

对于 2D-400 起落架,图 2-13b)中示出了 21in(53.3cm)、51in(130.0cm)、71in(180.3cm)三种厚度道面结构下土基的 CDF。可以看出,对于双轴起落架,当道面结构厚度较小或较大时,两种算法的结果是一致的;对于厚度比较适中的道面结构,近似法得到的 CDF 比积分法得出的偏大。换言之,当各轴视为一个整体或可单独对待时,两种算法才近似等效,但在中间的插值段近似法的误差较大。

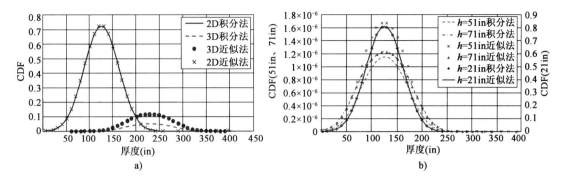

图 2-13　CDF 的两种方法计算结果

6. 小结

起落架作用次数问题本质上是力学问题,设计时要重点关注起落架在道面结构中引起的力学响应的峰值大小及达到峰值的次数,力学经验设计方法的关键是将作用次数与力学响应峰值相关联。6D 中的覆盖率 $\left(\dfrac{P}{C}\right)$ 仅是轮迹横向分布的概率统计结果,6E 中的覆盖率 $\left(\dfrac{C}{P}\right)_i^j F_{\text{tnd}}$ 才开始与力学响应挂钩,覆盖(作用)一次就意味着道面结构中某部位达到一次峰值力学响应,如此,覆盖就不仅仅是飞机轮迹横向分布的概率统计结果了,还与峰值响应关联起来,更是与道面结构厚度关联起来。

不过引入轴型因子 F_{tnd} 后新的麻烦出现了。对于刚性道面及较厚或较薄的柔性道面结构,F_{tnd} 要么为 1,要么为轴数 N,在计算 CDF 时采用式(2-22)与式(2-29)得出的结果大致相同,但采用图 2-7 中间的过渡段插值得出的 F_{tnd} 来计算的 CDF 与式(2-29)得出的 CDF 结果就相差很大,这也就是改换积分法计算 CDF 的原因。换句话说,为了精确计算疲劳损伤,不宜再用 F_{tnd},采用的覆盖率只需考虑轮迹的横向偏移即可。

不过尽管计算 CDF 时纵向轴型因子 F_{tnd} 引起了不便,但在估算作用次数时仍离不开 $\left(\dfrac{C}{P}\right)_i^j F_{\text{tnd}}$ 和 F_{tnd},毕竟在疲劳方程中作用次数是个必不可少的参数。

2.2.2　不同机型交通量的转化

一组混合交通里,不同机型之间的交通量可以按起落架或疲劳损伤两种方法进行转化。传统的道面设计方法首先要按起落架将混合交通转化成设计机型的交通量,按疲劳损伤进行交通量转化的方法在计算道面等级号和预估道面剩余疲劳寿命时有广泛的应用。

1. 按起落架进行设计机型转化

按起落架进行设计机型转化分为两步,先进行起落架轮数转化,再进行轮重转化。不同轮数的起落架之间的转化见式(2-31):

$$R_1 = R_2 \times 0.8^{M-N} \tag{2-31}$$

式中:R_1——按轮数转化成设计机型的起飞架次;

R_2——待转化机型的起飞架次;

M——设计机型的一组起落架包含的轮数;

N——待转化机型的一组起落架包含的轮数。

再根据轮重将待转化机型的起飞架次转化成设计机型的起飞架次,见式(2-32):

$$\lg R_3 = \lg R_1 \times \left(\frac{W_1}{W_2}\right)^{\frac{1}{2}} \tag{2-32}$$

式中:R_3——按轮重转化成设计机型的起飞架次;

W_2——待转化机型的轮重;

W_1——设计机型的轮重。

将式(2-31)代入式(2-32)得式(2-33):

$$\lg R_3 = \left(\frac{W_1}{W_2}\right)^{\frac{1}{2}} \times \lg\left(R_2 \times 0.8^{M-N}\right) \tag{2-33}$$

为方便起见,转化时一般假设95%的飞机重量都由主起落架承担,这里的飞机重量通常选用最大起飞或滑行重量。对于像 B747 这种具有复杂起落架的宽体机,6D 规定无论作为被转化机型还是设计机型都视作全重为 300000lbf(1360770N)的双轴双轮起落架。根据以上公式回归得出四类起落架之间的转化系数,见表2-6,转化时只需将待转化机型的起飞架次乘以转化系数即可。

起落架转化系数 表2-6

待转化起落架	目标起落架	转化系数
单轮 S	双轮 D	0.8
单轮 S	双轴双轮 2D	0.51
单轮 S	三轴双轮 3D	0.33
双轮 D	双轴双轮 2D	0.64
双轮 D	单轮 S	1.25
双轮 D	三轴双轮 3D	0.41
双轴双轮 2D	双轮 D	1.56
双轴双轮 2D	单轮 S	1.95
双轴双轮 2D	三轴双轮 3D	0.64
三轴双轮 3D	双轮 D	2.44
三轴双轮 3D	单轮 S	3.05
三轴双轮 3D	双轴双轮 2D	1.56

2. 按 CDF 进行转化

另一种交通量转化的方法是按照等效疲劳的原则进行转化,待转化机型和目标机型的疲劳损伤完全一致。若第 i 个机型的疲劳损伤累积因子按式(2-34)确定：

$$CDF_i = \frac{C_i}{C_{if}} \tag{2-34}$$

式中：C_i——待转化机型的作用次数；

C_{if}——待转化机型的允许作用次数。

转化成目标机型的疲劳损伤累积因子按式(2-35)确定：

$$CDF_{criticalf} = \frac{C_{eq}}{C_{criticalf}} \tag{2-35}$$

令两式相等，得到转化成目标机型的作用次数，见式(2-36)：

$$C_{eq} = \frac{C_i \cdot C_{criticalf}}{C_{if}} \tag{2-36}$$

式中：$C_{criticalf}$——目标机型的允许作用次数；

C_{eq}——转化成目标机型的等效作用次数。若用通行次数表示，则可按式(2-37)确定：

$$P_{eq} = \frac{\left(\dfrac{P}{C}\right)_{critical}}{\left(\dfrac{P}{C}\right)_i} \times \frac{C_{criticalf}}{C_{if}} \times P_i \tag{2-37}$$

式中： P_i——待转化机型 i 的年起飞架次；

P_{eq}——转化成目标机型的年起飞架次；

$\left(\dfrac{P}{C}\right)_{critical}$——目标机型的覆盖率；

$\left(\dfrac{P}{C}\right)_i$——待转化机型 i 的覆盖率。

下面举例说明这两种不同的转化方法。表 2-7 是国外某机场交通量构成的基础数据，表 2-8 表示将各机型的年起飞架次转化为 B747-400 的起飞架次和作用次数的计算结果。

某机场交通量构成基础数据　　　　　　　　　　　　表 2-7

机型	主轮数	轮数转换系数	轮数差	主轮重百分比	主起落架个数	机重(lbf)	单轮重(lbf)	年起飞架次	覆盖率
A300-B4	4	1.00	0	0.94	2	365.8	43.0	1500	1.82
A319-100	2	0.64	2	0.93	2	142.0	32.9	1200	3.73
B727-200	2	0.64	2	0.96	2	185.2	44.5	400	2.91
B737-300	2	0.64	2	0.91	2	140.0	31.8	6000	3.87
B747-400	4	1.00	0	0.93	4	877.0	51.2	3000	1.74
B767-200er	4	1.00	0	0.91	2	396.0	45.0	2000	1.83
B777-200er	6	1.56	−2	0.92	2	657.0	50.3	300	1.37
DC8-63	4	1.00	0	0.96	2	330.0	39.7	800	1.73

转化为 B747-400 的等效作用次数 表 2-8

机型	按起落架转化后的起飞架次 P_1	按轮重转化后的起飞架次 P_2	20 年内总作用次数	失效作用次数	按疲劳等效转化的起飞架次 P_{eq}	疲劳等效作用总次数 C_{eq}	CDF
	1	2	3	4	5	6	7
A300-B4	1500	815	16456	310137	243	2790	0.053
A319-100	768	206	6443	1600000000	0	0	0.000
B727-200	256	176	2754	385343	33	376	0.007
B737-300	3840	670	31003	273000000	1	6	0.000
B747-400	3000	3000	34410	52590	3000	34410	0.654
B767-200er	2000	1244	21813	815894	123	1406	0.027
B777-200er	469	444	4375	675096	30	341	0.006
DC8-63	800	360	9269	1080551	39	451	0.009

所有机型的 $\sum$ CDF 为 0.756。表 2-8 中第 6 列是各机型统一转化为 B747-400 的作用次数,以 A300-B4 为例,20 年中 A300-B4 的 16456 次作用可等效为 B747-400 的 2790 次作用;第 1 列和第 2 列是按起落架轮数和轮重转化后的等效年起飞架次,第 5 列是按疲劳等效转化后的年起飞架次,可以看出两种转化方法结果差别很大。

2.2.3 CDF 与 SCI

分辨疲劳与损伤对理解 FAA 刚性道面设计模型很有必要。水泥混凝土道面的 CDF 涵盖了疲劳与损伤两个阶段:道面表面发现裂纹之前是材料的疲劳累积阶段,裂纹扩展到表面标志着疲劳阶段的结束,道面结构的疲劳寿命到达 C_0 转折点;随着裂缝在表面和内部开展,道面 SCI 跌破 100,道面板内的结构性损伤逐渐积累。应把足尺试验的疲劳与小梁试验的疲劳区别来看:小梁试验中当试件底部发生疲劳开裂即认为发生破坏,开裂前则是疲劳累积阶段;足尺试验中只有开裂扩展至表面才是可见的,故在表面发现裂缝之前都可认为是广义上的疲劳阶段(尽管板体内部已不再连续,但道面板的结构性能仍是完好的)。

对于刚性道面上的水泥混凝土加铺层设计,由于基层旧道面板结构性能的退化,弹性模量一直处于衰变中,此时就要分成疲劳与损伤(SCI 分别为 100 和 80)两个阶段分别计算加铺层的疲劳寿命(详见 3.3.1 刚性道面上的水泥混凝土加铺层设计方法)。新建道面设计时则通常无须严格区分疲劳与损伤。某机型产生的疲劳损伤取决于飞机的作用次数与材料在这一级应力下的允许作用次数 C_{if}(C_{if} 与道面结构状况有关),不同的道面 SCI 对应不同的允许作用次数 C_{if}。当刚性道面达到破坏标准时,道面 SCI 降至 80,因此,设计标准中的允许作用次数 C_{if} 其实是道面 SCI = 80 所对应的允许作用次数。

1. 累积疲劳 $CDFU_i$ 的计算

开裂前某机型产生的疲劳用 $CDFU_i$ 表示,按式(2-38)确定:

$$CDFU_i = \frac{C_i}{C_{i,0}} \tag{2-38}$$

式中：$C_{i,0}$——道面 SCI 为 100 时的允许作用次数。

粒料基层上道面板的疲劳可按式(2-39)估算：

$$CDFU = \frac{L_U}{0.75L_D} \tag{2-39}$$

式中：L_U——加铺时已使用的年限；

$\quad L_D$——设计年限。

$\sum CDFU_i = 100\%$ 表示疲劳储备耗尽，道面板将进入结构退化期，$\sum CDFU_i$ 是计算道面剩余使用寿命和加铺层设计的重要参考。

2. 算例

某水泥混凝土道面板厚 17.5in(44.5cm)，沥青稳定上基层厚 5in(12.7cm)，级配碎石下基层厚 12in(30.5cm)。实际交通量比设计时预测的交通量发生了较大变化，预测交通量与实际交通量见表 2-9。

预测交通量与实际交通量　　　　　表 2-9

机型	全重(lbf)	年起飞架次	
		预测	实际
B737-800	174700	3000	1500
A321-200opt	207014	2500	1250
EMB-195 STD	107916	4500	2250
CRJ700	72500	3500	1750

运行 12 年后道面板表面没有发现任何结构性病害，因而道面 SCI 保持 100 不变。经 FAARFIELD 程序计算的 CDFU 为 0.31，表示已消耗 31% 的疲劳储备；与此同时，程序还得出道面 CDF 为 0.16，表示已消耗对应于 SCI 降至 80 的疲劳寿命的 16%。若按照实际交通量推算道面使用寿命，则可达 $75\left(\dfrac{12}{0.16}=75\right)$ 年，道面的剩余寿命不是 $26.7\left(\dfrac{12}{0.31}-12=26.7\right)$ 年，而是 $63(75-12=63)$ 年。

第3章
基于疲劳损伤的道面设计方法

FAA 规定对于拟供质量在 30000lb(13608kg)以上的飞机使用的道面,应采用基于疲劳损伤累积的方法进行道面设计,并同步推出了一款配套的设计程序 FAARFIELD,使设计方法与设计手段相结合,比过去的查图方式更加便利。FAARFIELD 程序的主要功能包括新建或加铺道面结构设计、道面疲劳寿命预估、压实度设计和道面等级号 PCR 计算。程序主要由四个模块组成:用于弹性层状体系力学分析的 LEAF 模块、用于三维有限元单元划分的 Mesh 模块、用于刚性道面有限元计算的 FAASR3D 模块和用于通报道面等级号的 PCR-ACR 模块。设计流程的第一步选择设计道面类型,第二步进行结构层材料组合设计,第三步输入交通量参数,第四步进行结构层厚度计算,第五步进行压实度设计,最后形成设计文档。本章结合该款设计程序对新建和加铺道面设计方法做系统介绍。

3.1　道面设计要素

3.1.1　道面功能性寿命与结构性寿命

道面的功能性寿命是相应于道面失去使用功能而无法继续服役的寿命;结构性寿命是相应于道面不发生结构性失效的寿命。道面结构的这两种寿命之间并无必然关系,有时在发生结构性损坏后道面尚有较长的功能性寿命,有时道面结构在尚未达到结构性寿命之前就已经出现了功能性病害,为了继续服役需要采取局部的功能性维护,如沥青罩面。

FAA 规定道面设计年限不得小于 20 年,长寿命道面力争将道面设计年限提高到 30～50 年。远期预计会发生重大布局调整的机场应适当缩短设计年限,繁忙的枢纽机场和布局相对稳定的机场可选择较长的设计年限。道面的实际寿命是否能达到设计年限,在一定程度上取决于实际交通量相比于设计时预测交通量是否有较大增长,道面材料和施工质量,以及定期的日常维护措施等。

3.1.2　交通量

FAARFIELD 程序为用户提供了较齐全的飞机模型库,飞机主起落架分配的荷载大致占 95%,当飞机质量发生改变时胎压会同比例变化,而主起落架各主轮的轮印面积保持不变,用户可根据需要调整飞机的质量和交通量。一般情况下,只考虑起飞的交通量选用最大起飞重量,只有主要供降落使用的跑道和快速出口滑行道才选用最大着陆重量,但在某些情况下仍要具体问题具体分析。飞机重量受加油条件制约,若不能在机场加油,则起飞和降落飞机全重近似相等(不考虑旅客及货物荷载变化),这种情况下就要考虑降落飞机的作用。再比如,不同跑滑布局下的飞机在一次起降周期中对跑道的占用次数是不同的,须根据对跑道的利用方式(图3-1)分别乘以一重复系数以考虑飞机对跑道真正的使用次数。上跑道的联络道有两端平行布置和中部布置两种形式:

(1)两端平行布置时,除了起降期间,飞机不在跑道上滑行。根据上述讨论,若飞机能在机场加油,则飞机起飞重量大于着陆重量,那么在一次起降周期中,对跑道的使用次数只算一次;若飞机不能在机场加油,则在一次起降周期中,对跑道的使用次数算两次。

(2)中部布置时,飞机除了起降还要在跑道上滑行。若飞机能在机场加油,则在一次起降周期中,对跑道的使用次数算两次;若飞机不能在机场加油,则起降重量近乎相等,对跑道的使用次数算三次。

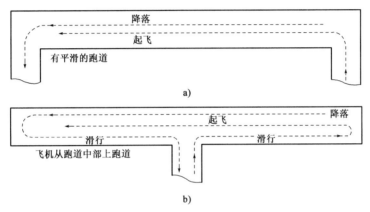

图3-1 垂滑布置形式与飞机对跑道的占用

3.1.3 土基

土基对道面结构及其上部荷载起支撑作用,除应具备足够的强度之外,还应均匀、稳定、耐久。作为道面结构的基础,FAARFIELD 程序中土基被假定为无限深,力学计算中土基的材料力学属性用弹性模量 E 表示,力学计算用的是弹性半空间地基模型。利用 FAARFIELD 程序进行道面设计时,还可以根据习惯输入 CBR 指标(由标准贯入试验测得)或反应模量 K(通过平板载荷试验测得),程序自动根据式(3-1)或式(3-2)转化为弹性模量 E 再进行计算。当土基表层采用水泥或粉煤灰等化学剂处治时,建模时要在土基上增设一层用户自定义结构层。对于加铺道面,现状的土基和基层的弹性模量可通过落锤检测的弯沉结果反算。土基强度对柔性道面结构厚度的计算结果有较大影响,对水泥混凝土道面影响相对较小。

$$E = 1500 \times CBR \tag{3-1}$$

$$E = 20.15 \times K^{1.284} \tag{3-2}$$

式中:E——弹性模量(psi);

  K——反应模量(pci)。

3.1.4 道面结构层组合

FAA 推荐的典型道面结构如图3-2所示,可选用其中全部或部分的结构层,柔性道面至少需要面层和土基;全厚式沥青道面结构[只能供质量在60000lb(27215kg)以下的飞机使用]除沥青面层之外,还需设一层沥青稳定基层;刚性道面至少需要面层、基层和土基三层,最多可设至五层。为使刚度不至相差过大,稳定基层下基层材料的浸水CBR不应小于35。为防止土基中的细集料进入粒料基层或垫层引起结构承载力的降低,必要时可在土基与基层或垫层之间铺设一层土工合成隔离材料。FAA禁止在两不透水层之间夹一透水层,因为中间的透水层一旦积水,在动水压力作用下很容易导致结构强度降低或损坏。

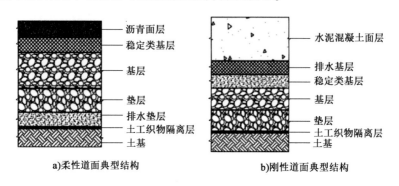

a)柔性道面典型结构　　　　　　　　b)刚性道面典型结构

图3-2　FAA推荐的典型道面结构
注:排水层和土工织物隔离层根据需要设置。

1.稳定基层

原则上沥青或水泥稳定基层用于供质量100000lb(45359kg)以上的飞机使用的道面。但遇到如下特殊情况也可以不采用:质量100000lb(45359kg)以上飞机只占交通量组成的不到5%,或者虽然超过5%但这些飞机质量都不超过110000lb(49895kg)。稳定基层下的粒料基层的浸水CBR强度要求至少要达到35。

2.结构层排水

当道面上运行的飞机质量超过60000lb(27215kg)且道面结构中湿度较高,土基的透水系数小于20ft/d(6.1m/d)时,宜考虑结构层的排水需求,为道面结构设置合理的水分排出通道。设置排水层有助于及时排出结构层内部多余水分,有效保护道面结构免遭水损坏。

排水基层可采用沥青或水泥处治的开级配碎石材料,柔性道面的排水层通常置于密级配的稳定基层之下,除非柔性道面结构厚度不足12in(30.5cm),排水层可直接置于面层之下。刚性道面的排水层可置于道面板下作为稳定基层使用。为防止土基中的细颗粒进入排水层而降低疏排水效果,当排水层直接设在土基上时,要考虑设置土工织物隔离层;当排水层设在粒料层之下时,要控制粒料中通过0.075mm筛孔的细料含量不超过5%。

3.结构层力学计算参数

FAA对道面材料和施工的技术要求在AC150-5370-10H中有详细的规定,材料和施工的质量受到严格控制。除用户自定义的材料之外,结构层材料的弹性模量都为定值或由程序自动计算,见表3-1。FAARFIELD程序中由标准粒料组成的柔性基层或垫层(P154、P207、P208、P209、P211、P219)的弹性模量由程序自动计算,主要取决于该层厚度和土基强度。除了固定模量的结合料稳定基层,用户还可以输入自定义刚度的稳定基层。各结构层的最小厚度要求见表3-2。

各结构层材料及参数 表 3-1

| 结构层类型 | 标准结构层 | 弹性模量（psi） | | 泊松比 |
		刚性道面	柔性道面	
面层	P501 水泥混凝土	4000000		0.15
	P401 沥青混合料	—	200000 （相当于32℃下的模量）	0.35
	P403 沥青磨耗层			
	P404 抗腐蚀沥青混合料			
结合料稳定基层、垫层	P401、P403 沥青混合料	400000		0.20
	P306 贫混凝土	700000		
	P304 水泥稳定碎石	500000		
	P220 水泥处治土	250000		
	用户自定义稳定基层	250000 ~ 700000	—	0.35
		—	150000 ~ 400000	
粒料基层、垫层	P209 级配碎石	程序自动计算		0.35
	P208 未筛分碎石			
	P219 再生水泥混凝土集料			
	P211 石灰岩集料			
	P154 未破碎颗粒料			
	P207 再生沥青混凝土集料	25000 ~ 500000		
土基	土基	1000 ~ 50000		
用户自定义	自定义	1000 ~ 4000000		

道面结构层材料及最小厚度 表 3-2

| 结构层 | 材料代号 | 结构层材料类型 | 使用要求 | 对应于下列机型全质量的最小厚度 | | |
				$<6 \times 10^4$ lb	$<10^5$ lb	$\geq 10^5$ lb
面层	P501	水泥混凝土面层	当运行飞机全质量小于30000lb时最小厚度可用5in	6in		
	P401	热拌沥青混合料面层	—	3in	4in	4in
	P403	沥青混合料磨耗面层	只有当所有机型全质量都小于60000lb时才可单独使用；多数情况下用以代替1.5 ~ 3in的面层表面			
稳定基层	P401	热拌沥青混合料基层	—	5in		
	P403	沥青混合料磨耗基层	—			
	P304	水泥稳定粒料基层	有反射裂缝问题			
	P306	贫混凝土基层				

结构层	材料代号	结构层材料类型	使用要求	对应于下列机型全质量的最小厚度		
				$< 6 \times 10^4$ lb	$< 10^5$ lb	$\geqslant 10^5$ lb
排水层	P307	开级配水泥稳定碎石排水基层	—			
	P407	开级配沥青稳定碎石排水基层	—			
级配碎石基层	P209	级配碎石基层	若浸水 CBR 大于 100 并有使用经验,可代替稳定基层			
	P211	石灰岩基层				
粒料基层	P208	未筛分碎石基层	仅限于供全质量小于 60000lb 的机型使用的柔性道面结构基层或作为底基层; P213 禁止用于有抗冻要求的地区			
	P210	钙质沉积岩基层[1]				
	P212	贝壳基层[2]				
	P213	砂质黏土基层		6in		
	P207	再生沥青混合料基层	浸水 CBR 大于 100 并有使用经验,可代替稳定基层,大于 80 可代替 P209,大于 60 可代替 P208;还可作为稳定基层的下基层			
	P219	再生水泥混凝土基层				
	P220	水泥处治细粒土基层	浸水 CBR 大于 100 并有使用经验,可代替稳定基层;当直接用于混凝土道面板下时不得小于 12in,且混凝土道面板应增加 3in			
垫层	P154	未破碎的颗粒材料垫层	当柔性道面结构的 P154 的计算厚度小于 6in 时,取消该垫层改而加厚基层			

注:1. 良好的钙质胶结沉积岩一般坚硬、致密、耐久,多分布于干旱或半干旱区域。

2. 贝壳类材料是以生蚝壳为主(可包含少量的蛤蚌壳),添加黏结材料和填充材料后形成的混合料。

3.1.5 防冻抗冻要求

季节性冻土地区的冻胀会导致道面表面的不均匀隆起,在温暖解冻期间的融沉会降低土基的承载力,从而影响道面的不平整度,引发排水不畅、表面开裂等病害。因此,季节性冻土地区在设计前要充分评估土基材料的冻胀性,进行有针对性的防冻抗冻设计。

土的冻胀与土的易冻胀性、冰冻线的深度和与地下水位的距离有关。CE 将土的易冻胀性分为四类:小于 0.075mm 的颗粒含量少于 10% 的含细料砾石为冻胀等级 1 级的无冻胀～低冻胀土;小于 0.075mm 的颗粒含量占 10%～20% 的含细料砾石或小于 0.075mm 的颗粒含量占 6%～15% 的含细料砂为冻胀等级 2 级的低冻胀～中等冻胀土;小于 0.075mm 的颗粒含量超过 20% 的含细料砾石、小于 0.075mm 的颗粒含量超过 15% 的含细料砂(不包括很细的粉质砂)或塑性指数小于 12 的黏土为冻胀等级 3 级的易冻胀土;粉质土、小于 0.075mm 的颗粒含量超过 15% 的很细的粉质砂或塑性指数大于 12 的黏土为冻胀等级 4 级的极易冻胀土。

地下水位距道床顶 1.5～3m 时,在地下水的充足供应下易冻胀土与极易冻胀土将大概率出现冻胀。季节性冰冻地区可采用以下三种防治措施:

(1)整个冰冻线深度内选用不易冻胀的填料。由于冻胀等级为 3、4 级的冻土有严重的冻胀隆起效应,应采取完全保护的方式,根据实际情况既可以考虑将易冻胀土全部挖除,也可以增厚垫层使上部结构与垫层的总厚度超过冰冻线。

(2)容许冰冻线深达部分易冻胀土层内,非冻胀敏感性材料组成的道面结构层只需占冰冻深度的 65%,但要确保所产生的不均匀冻胀隆起不会超过 1in(2.5cm),这种情况下需在垫层和土基之间设置土工织物以协调土基的不均匀变形。

(3)以融沉病害为主的道面,在设计时通常采用降低土基强度的方法,按土基在冻融期的最低强度对正常的土基强度折减一半进行设计,对 1～3 类冻胀土都适用。这种方法忽略了冻胀期的隆起变形,适用于慢速行驶的、对平整度要求不高的区域。

顺便指出,FAARFIELD 程序中没有专门的抗冻设计内容,抗冻设计要另外考虑,采取包括增加垫层厚度或者对较薄道面板进行加筋补强等措施。

3.1.6 压实度设计

FAA 的压实度设计要求源于 CE 的足尺试验。CE 调查发现,道面投入运行后在飞机荷载的反复作用下,被压密的粒料层和土基材料可能会产生过大的永久变形。压实度设计的目的是使道面材料在运营阶段可能达到的最大压实度在施工阶段就提前达到,开放交通之后材料无法再被继续压密以至于产生过大变形,也就是使材料提前达到安定状态。1942 年 CE 在比较了加利福尼亚州公路局的 CBR 压实度测试方法和 AASHO T99 压实度测试方法之后,决定采用 AASHO T99 的击实标准,考虑到机场的压实度要求应高于高速公路,对 AASHO T99 的轻型击实标准做了一定程度的修改,修改后的击实标准相当于我国的重型击实标准。

1945 年研究人员在试验中发现,粒料和土基中的压实度随着深度的增加而降低,非黏性土的压实度比黏性土平均高 5 个百分点。开放交通后,道面材料在飞机荷载作用下的压实度可视作起落架全重及构型、胎压、荷载重复作用次数及深度的函数,不同材料的压实度差异并不是很大。而且大量研究表明,柔性道面材料的压实度与设计 CBR 之间存在良好的对应关系,结构层材料的 CBR 强度要求同时也反映了对材料压实度的要求,研究人员于是将设计 CBR 也作为反映压实度的一个指标,但为了区分,称为压实指数,如图 3-3 所示。有了压实指数或设计 CBR,就可以抛开荷载、胎压、起落架等,直接与压实度建立起联系。

图 3-3 是 CE 从大量的足尺试验或现场试验数据中总结出来的。图上黏性土压实指数不超过 50。这是因为对于黏性土,当接近施工压实的最佳含水率时,土的强度 CBR 反而可能下降,压实指数不宜太大,也就是在最佳含水率条件下,虽然提高了压实度,但会降低强度。原始

数据中,那些 C_i 大于 50 的点位很明显是飞机荷载造成的,施工工艺较难达到。因而对于黏性土,相应的压实度要求比非黏性土要小 5%。

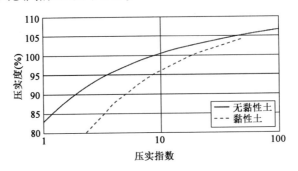

图 3-3　压实度-压实指数曲线

由于设计曲线中的 CBR 与道面厚度(深度)有关,因此,压实度与深度之间也可以建立起类似的关系。例如 18000lbf(81650N)的单轴双轮荷载与 DC-8 的设计曲线如图 3-4a)所示,先从图 3-3 的曲线上分别读取压实度 105%、100%、95%、90%、85% 和 80% 所对应的压实指数作为设计 CBR,再从图 3-4a)设计曲线上读取相应的深度值,最后得出的压实度要求见表 3-3 或如图 3-4b)所示。以 18000lbf(81650N)的单轴为例,对于非黏性土,要求自道面表面以下 27in(68.6cm)范围内都要达到 95% 的压实度;黏性土要求自道面表面以下 14in(35.6cm)范围内的压实度要达到 95%,自道面表面以下 18in(45.7cm)范围内压实度要达到 90%。

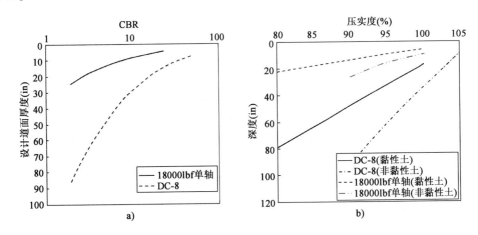

图 3-4　CBR 设计曲线与压实度设计曲线

压实度要求　　　　　　　　　　　　　　　　　　　表 3-3

压实度	非黏性土			黏性土		
（%）	压实指标	深度（in）		压实指标	深度（in）	
		18000lbf 单轴	DC-8		18000lbf 单轴	DC-8
105	42	—	9	—	—	—
100	9	10	32	19	6	17

续上表

压实度 （%）	非黏性土			黏性土		
	压实指标	深度（in）		压实指标	深度（in）	
		18001bf 单轴	DC-8		18001bf 单轴	DC-8
95	3.5	17	61	8.6	10	33
90	1.8	27	92	5	14	49
85	—	—	—	3.2	18	63
80	—	—	—	2.4	22	79

FAA 要求填方区要保证填土在一定深度内达到相应的设计压实度要求：对于黏性土，要保证土基以下至少12in（30.5cm）深度内的压实度达到95%，以下深度结合压实度设计确定，土面区要达到90%；非黏性土要保证土基顶面以下6in（15.2cm）深度内压实度达到100%，以下深度达到95%。挖方区则要结合 FAARFIELD 程序进行专门的压实度设计，自道面表面至土基一定深度范围内的压实度不能低于设计值，若达不到设计压实度要求，则要采取换填、超挖等措施。

3.2　新建道面设计方法

新建道面设计方法以计算道面材料的累积 CDF 为核心，设计流程如图 3-5 所示。

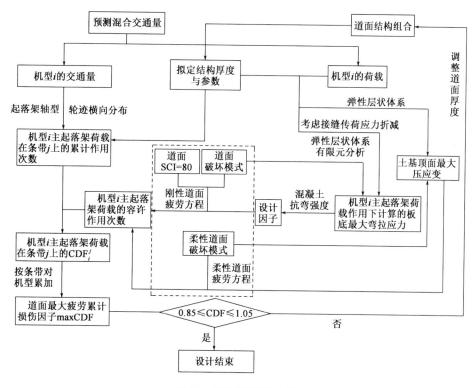

图 3-5　新建道面设计流程

3.2.1 柔性道面设计方法

柔性道面设计是以控制土基不发生剪切破坏和沥青面层不发生疲劳开裂破坏为目标,以土基顶面垂直压应变与沥青面层底水平拉应变为设计力学指标,以 CDF 为疲劳判别指标。通常情况下,当土基材料的疲劳损伤达到临界值时,沥青面层的疲劳损伤仍远小于临界值,因而柔性道面结构厚度受土基顶面垂直压应变控制。

1. 柔性道面结构层组合设计

1)面层

面层的要求是平整、抗滑、防水,应由不易松散的材料组成,多采用密级配的沥青混凝土。当运行飞机质量超过 60000lb(27215kg)时,应采用 P401 热拌沥青混凝土;当运行飞机质量小于 60000lb(27215kg)时,可单独采用 P403 沥青磨耗层。

2)基层

基层的作用是将表面的荷载扩散至下部结构层或土基,因此,基层要有一定的抵抗剪切和压密变形的能力,还要有一定的抗冲刷性能,要选择坚硬的、有一定耐久性的材料。基层质量与材料的物理力学特性、级配和密实度等有关,与施工质量也有密切关系。当运行飞机质量超过 100000lb(45359kg)时,应选用稳定基层。稳定基层材料可分为沥青稳定类和水泥稳定类,包括 P401 热拌沥青混凝土、P403 沥青磨耗层、P304 水泥稳定碎石、P306 贫混凝土。柔性道面大多数情况下选择沥青稳定基层,而水泥稳定基层刚度较大易开裂,用作基层时要合理控制水泥用量,设置隔离层,防止反射裂缝病害。标准的粒料基层是 P209(CBR > 80)和 P208(CBR > 60),粒料类基层最多设两层,上层为级配较好的 P209,下层采用级配较差的 P208。其他粒料基层包括 P207 再生沥青混合料基层、P210 钙质沉积岩基层、P211 石灰岩基层、P212 贝壳基层、P213 砂质黏土基层及 P219 再生水泥混凝土基层。其中 P208、P210、P212、P213 仅能用于供质量小于 60000lb(27215kg)的飞机使用的道面结构基层。若再生类沥青或水泥混凝土材料的 CBR 不小于 80 可代替 P209,若 CBR 不小于 60 可代替 P208 作为基层材料。

3)垫层

垫层的功能是保护土基扩散荷载,垫层厚度除了满足保护土基的要求之外,还要满足抗冻要求。当土基 CBR 低于 20 时需设垫层,典型的垫层材料是 P154 未破碎颗粒材料,也可以采用其他的处治或未处治粒料,能够用作基层的松散材料也可用作垫层。非稳定垫层的最小厚度为 6in(15.2cm),若计算出来的垫层厚度小于最小值,可不设(用于抗冻垫层除外),但应适当加厚基层。其他类型垫层包括 P210 钙质沉积岩垫层、P212 贝壳垫层、P213 砂质黏土垫层和 P220 水泥处治土垫层,其中 P213 和 P220 不能用于冰冻地区。之所以保留基层和垫层材料的 CBR 指标要求,是为了在力学设计之外考虑经验设计法的要求,确保两种方法设计结果尽可能一致。

2. 粒料层弹性模量的取值方法

由弹性层状体系可知,若相邻两层材料的刚度相差过大,在接触面上刚度较大的粒料层可能得出与实际不符的拉应力,因此,粒料层弹性模量的取值要避免使这种柔性材料出现较大的拉应变。为此,FAARFIELD 程序采用了一种分层迭代算法:首先将粒料层分成若干子结构层,每层子结构的刚度取决于下一层子结构的刚度和本层的厚度,最下面一层子结构的弹性模量与土基刚度相关联,各子结构层模量以土基弹性模量为基础,往上逐层递推得到,这样做的目的是保证子结构层之间刚度渐变,避免各层刚度悬殊过大。第 n 层子结构的模量按式(3-3)计算:

$$E_n = E_{n-1} \times \left[1 + \lg t_n \times (c - d \times \lg E_{n-1}) \right] \tag{3-3}$$

式中:E_n——第 n 层子结构弹性模量(psi);

  E_{n-1}——第 $n-1$ 层子结构弹性模量或土基弹性模量(psi);

  t_n——当前第 n 层子结构厚度;

  c、d——常数。

通过合理划分子结构层来保证各子结构层的弹性模量连续。最常用的均分法使每一子结构层的厚度一致,但模量不连续,见表3-4,这种模量不连续使得两种几乎相同的道面结构计算出来的疲劳损伤大相径庭。

均分法得出的 P154 分层模量
表 3-4

结构层	P154 厚度 24in		结构层	P154 厚度 24.01in	
	厚度(in)	弹性模量(psi)		厚度(in)	弹性模量(psi)
P401	5	200000	P401	5	200000
P209	8	62990	P209	8	65195
P154	8	32337	P154	6.0025	34344
	8	25194		6.0025	29640
	8	16225		6.0025	22889
土基		8250		6.0025	15123
			土基		8250

为此,需采用一种改进的分层方法:

(1)最上面一层子结构厚度应在 4~12in(10.2~30.5cm)。若最上面一层厚度不到 4in(10.2cm),则把该层与下层子结构合并为一层。

(2)除最上面一层外,其余子结构层厚度均设定为 8in(20.3cm)。

根据以上规则,以 18in(45.7cm)、19.9in(50.6cm)、20.1in(51.1cm)和 22in(55.9cm)为例,P154 的改进分层如图 3-6 所示。

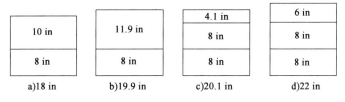

图 3-6 P154 的改进分层

WES 的均分法与 FAARFIELD 程序的改进分层法计算出来的模量与 P154 垫层厚度的关系如图 3-7 所示。改进分层之后得到的模量是连续的。

粒料层弹性模量取值的第三个要求是要保证不同类型材料的结构层之间的厚度等效换算关系与 6D 中的折减系数(表 1-3)基本一致。以表 3-5 所示的等效厚度转化为例,P209 的新厚

度减小了 t_2，为使两种结构等效，P154 厚度要增加 t_3，等效折减系数为 t_3/t_2。6D 中 P154 与 P209 之间的折减系数在 $1.2 \sim 1.8$，中值约 1.4。

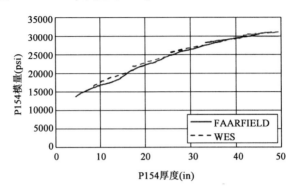

图 3-7　两种分层方式下的 P154 厚度-模量关系

等效厚度转化　　　　　　　　　　　　　　　　表 3-5

结构层	原厚度（in）	新厚度（in）
P401 面层	5	5
P209 基层	8	$8 - t_2$
P154 垫层	t_1	$t_1 - t_2 + t_3$

　　假定设计年限为 20 年，B737-800 的年起飞架次为 1200 次，分别得到土基 CBR 为 3、6、10、15 时的 P154 垫层厚度 t_1，换算结果见表 3-6，f_{eq} 为等效折减系数。为使等效折减系数接近 1.4，计算 P154 和 P209 的模量时分别将常数调整为 $c = 6.88$、$d = 1.56$ 和 $c = 10.52$、$d = 2.00$。

不同组合下的折减系数　　　　　　　　　　　　表 3-6

CBR	3（$t_1 = 34.91\text{in}$）		6（$t_1 = 20.95\text{in}$）		10（$t_1 = 11.62\text{in}$）		15（$t_1 = 6.06\text{in}$）	
t_2	t_3	f_{eq}	t_3	f_{eq}	t_3	f_{eq}	t_3	f_{eq}
0.5	0.71	1.42	0.75	1.50	0.66	1.31	0.61	1.22
1.0	1.40	1.40	1.50	1.50	1.31	1.31	1.23	1.23
1.5	2.12	1.41	2.24	1.50	1.96	1.30	1.86	1.24
2.0	2.83	1.42	2.98	1.49	2.64	1.32	2.49	1.24
2.5	3.53	1.41	3.72	1.49	3.33	1.33	3.12	1.25
3.0	4.23	1.41	4.46	1.49	4.02	1.34	3.76	1.25

　　从试算结果来看，折减系数对土基强度 CBR 的敏感性高于对减薄厚度 t_2 的敏感性，范围在 $1.2 \sim 1.5$，中值约 1.4，表明调整后的系数基本上能使新老设计方法保持一致。

　　3. 柔性道面设计流程

　　柔性道面设计需输入的参数主要包括交通组合和土基强度，下面结合 FAARFIELD 程序说明柔性道面结构设计的主要步骤：

　　（1）进入程序，选择新建柔性道面设计模式。

　　（2）结构层组合设计。根据需要添加或删减道面结构层。例如初拟的新建柔性道面结构从上至下依次为 P401 面层、P209 基层、P154 垫层和土基，各结构层材料弹性模量均由程序自动赋予,但这一步中显示的 P209 基层和 P154 垫层的弹性模量是虚设、无意义的,因为粒料层模量与厚度有关,真正的模量要结合厚度才能确定。

(3)输入交通组合。

(4)点击运行。程序开始计算 P209 基层最小厚度和 P154 垫层厚度。程序先从垫层 CBR 为 20 这一条件出发,得出为保护垫层不被破坏的 P209 基层的最小厚度要求,这一步是传统 CBR 法的要求。然后再用弹性层状体系求出 P154 垫层的厚度。

(5)修改基层厚度。调整后基层的厚度要大于上一步中的最小厚度,根据修改后的基层厚度重新计算 P154 垫层厚度。这一步用户根据需要自愿选择。

(6)有抗冻要求地区还要复核抗冻要求。

上述厚度计算过程是个不断试算迭代的过程,力学计算前程序先要根据初拟厚度确定粒料层的弹性模量。整个过程中只有 P154 垫层厚度才是真正基于疲劳损伤计算出来的,计算时假设各层间为连续接触状态。

3.2.2　刚性道面设计方法

刚性道面的破坏标准为道面 SCI 降至 80,道面材料累积的 CDF 达到临界条件,设计时以控制水泥混凝土道面板自底部向上的疲劳开裂为目标,将板底最大水平拉应力作为设计力学指标,不考虑自顶部向下的疲劳开裂破坏。

FAARFIELD 程序将分别采用弹性层状体系和三维有限元方法计算板中(对于板中荷位,无论是弹性层状体系还是板体理论,得出的拉应力几乎相同,但若荷载距离板边不足 0.6m,板边荷位的应力计算结果与弹性层状体系有较大差异)和板边两个荷位的板底水平拉应力(大部分起落架的最不利荷位是板边荷位,但少数机型,如 B777 的三轴双轮起落架的最不利荷位是板中荷位),将板中和板边应力分别乘以 95% 和 75% 以考虑接缝的传荷作用,最后取两者中的大值作为设计的力学控制指标。

需要指出的是,刚性道面设计采用的三维有限元模型与实际有较大出入,有限元模型仅含单块板,不包含板缝;基层、垫层分别比面层、基层逐级宽出;模型板块的尺寸也较实际尺寸要大;荷载只考虑一个主起落架,无法精确计算板顶拉应力。

1. 刚性道面结构层组合设计

1)面层

水泥混凝土面层的作用是承受飞机荷载,为飞机滑行提供平整、抗滑的表面,防止雨水下渗进入土基。面层材料通常选用素水泥混凝土或加筋混凝土。

2)基层/垫层

基层的功能是为面层提供均匀稳定的支撑。当运行飞机的质量超过 100000lb(45359kg)时,应采用稳定基层,包括 P401 热拌沥青混凝土基层、P403 沥青磨耗层基层、P304 水泥稳定碎石基层、P306 贫混凝土基层和 P220 水泥处治土基层。粒料基层包括 P208 级配较差的未筛分碎石基层、P209 级配碎石基层、P211 石灰岩基层、P219 再生水泥混凝土基层。当再生材料的浸水 CBR 大于 100 时,可代替稳定基层;大于 80 时,可代替 P209 基层;大于 35 时,可用于垫层。垫层主要用于冰冻地区和地下水位较高处,稳定基层下的垫层应能为基层施工提供稳定的作业面,浸水 CBR 不应小于 35,典型的垫层材料是 P154 未破碎的颗粒材料。当运行飞机质量小于 30000lb(13608kg)时,可用强度较低的垫层材料 P154 代替 P208、P209 作为基层。

2. 接缝设计

温度和湿度变化容易导致混凝土的体积变化,从而在混凝土内部产生次生内力,施工中需及时切缝以避免道面板的随机开裂,因此,刚性道面离不开分块设计。

1)接缝类型

接缝包括胀缝、缩缝和施工缝三种。鉴于企口缝的阴企口容易断裂,FAA 已禁止使用企口缝。接缝通常是板体受力和耐久性的薄弱环节,除了要做好密封杜绝雨水下渗外,设计中还要考虑其传荷能力,多采用加设传力杆的方式来保证接缝的传荷能力。

胀缝:包括边缘加厚式胀缝(图 3-8)和加筋型胀缝两种。边缘加厚式胀缝的边缘需增厚0.25 倍的板厚且不小于 2in(5.1cm),过渡段长度不得小于 10ft(3.0m),这种胀缝一般用在远期预留的部位或与结构物相邻部位,也可用在以垂直或锐角相交的道口,这些部位由于纵缝方向的改变易发生顶胀病害。当道面板厚度超过 9in(22.9cm)时,可加筋补强。

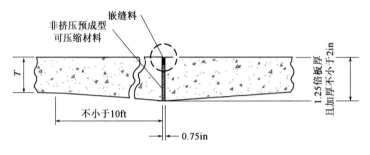

图 3-8 边缘加厚式胀缝

缩缝:包括设拉杆或传力杆的假缝,以及集料嵌锁型假缝。FAA 规定当道面板厚度超过9in(22.9cm)时才可以设置传力杆,若厚度小于 9in(22.9cm)可改设拉杆。

施工缝:包括设传力杆和不设传力杆的施工缝两种。不设传力杆的施工缝仅适用于运行飞机质量小于 30000lb(13608kg)且道面板下为稳定基层或沥青旧道面的情况。

2)接缝间距

接缝的间距与板厚、基层类型、最大温差、板底约束,以及施工因素有关,较小的间距有利于延长道面板的使用寿命。通常位于稳定基层上的道面板发生的翘曲变形大于粒料基层上的道面板,因而稳定基层上的板块接缝间距应适当减小,建议的纵向接缝最大间距按表 3-7 控制,横向接缝间距也可参照设置,不宜超过纵向接缝间距的 1.25 倍。

建议的纵向接缝最大间距　　　　　　　　　　　　表 3-7

板厚(in)	纵向接缝间距(ft)
粒料基层	
<6	12.5
6.5~9	15
>9	20

板厚(in)	纵向接缝间距(ft)
稳定基层	
8~10	12.5
10.5~13.5	15
13.5~16	17.5
>16	20

3. 刚性道面设计流程

利用 FAARFIELD 程序进行刚性道面设计的主要步骤如下:

(1)进入程序,选择新建刚性道面设计模式。

(2)选择基层、材料类型及厚度,输入混凝土的设计弯拉强度及土基弹性模量。

(3)输入交通量参数。

(4)点击运行程序进行迭代计算,输出道面板厚。为提高计算效率,程序在启动数值计算前先采用弹性层状体系得出一个初步的板厚作为初值,再启动有限元计算模块开始迭代,这一步需要耗时几十秒至数分钟。

(5)有抗冻要求的地区,验算道面结构总厚度是否满足抗冻要求,如不满足应设置垫层。

4. top-down 型开裂

刚性道面的设计破坏模式只包括从道面板底部萌生的 bottom-up 型开裂,未将 top-down 型开裂纳入设计模型,但从实际经验来看,top-down 型裂缝是刚性道面一种不可忽视的常见病害形式,它的产生甚至要早于 bottom-up 型裂缝。top-down 型开裂成因复杂,试验中观察到的主要是板角翘曲,翘曲板块在起落架荷载作用下易在道面板表面产生较大拉应力,从而导致 top-down 型开裂。

足尺试验和工程实际都发现 top-down 开裂的一个重要诱因是板底脱空,除了翘曲造成的脱空,根据成因脱空又可分为与耐久性有关的脱空及荷载反复作用导致的脱空,前者主要是基层受雨水冲刷所致,后者常见于粒料基层。大量经验表明,土基强度越高道面板越薄,板角的 top-down 型开裂就越严重。鉴于 FAARFIELD 程序中尚未引入针对 top-down 型开裂的力学模型,FAA 对刚性道面疲劳方程作了特别规定,以限制土基较强时对水泥混凝土道面板的减薄,通过保证板厚来降低 top-down 型开裂发生的概率。建议在运用 FAARFIELD 程序进行刚性道面设计时,土基 CBR 不宜超过 10,一旦超过了这个界限,就可能会出现土基越强道面板反而越厚这种与常规设计结果相矛盾的情况。

3.3 加铺层设计方法

柔性道面上无论加铺沥青混凝土还是水泥混凝土,都可以分别按新建柔性或刚性道面进行设计。现状道面结构层可输入实际的厚度,土基和稳定基层的模量建立在实测基础上,考虑到稳定基层在使用多年后由于开裂刚度会出现下降,FAARFIELD程序为旧道面下的稳定基层提供了用户自定义刚度选项。本节重点介绍刚性道面上的加铺层设计方法。

3.3.1 刚性道面上的水泥混凝土加铺层设计方法

加铺层与新建道面的不同之处在于加铺层位于现状道面板上,其结构状况不仅取决于交通量及自身的材料强度与厚度,还受旧道面板结构性能的制约。传统的厚度补差法中,旧道面板条件用现状板块条件因子 C_r 表示,C_r 根据旧道面结构的好坏可取1、0.75、0.35。这种取值方式带有较强的主观性,也缺乏足够的理论依据。直到20世纪80、90年代,Rollings才建立起一套基于旧道面板结构性能分时退化模型的加铺层设计方法,以取代厚度补差法。

1.加铺层结构退化规律

图3-9为加铺层和基层道面板在加铺前后结构性能的变化趋势曲线:旧道面板随着使用年限的增加结构状况逐渐退化,若不加铺旧道面板还将继续呈加速退化趋势;若能够及时加铺,加铺层能有效减缓基层旧道面板的加速退化趋势,延长旧道面板使用寿命。另一方面,由于基层板结构性能逐渐退化,加铺层的荷载应力在使用期内逐渐增长,加铺层的结构性能在使用期内也呈加速退化趋势;若基层板能够提供相对稳定的支撑,加铺层结构性能的退化速率将减缓。

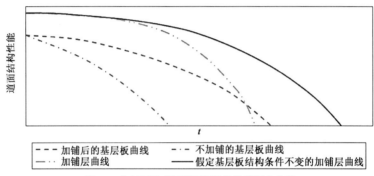

图3-9 加铺层和基层道面板结构性能退化曲线

由于基层板结构性能不断下降,加铺层底拉应力与设计因子在整个过程中也非恒定,不能像新建道面那样直接套用疲劳方程计算疲劳损伤,应分阶段计算加铺层的疲劳寿命。根据刚性道面结构模型,加铺层结构性能退化可分为 SCI = 100 与 80 < SCI < 100 两个阶段,每个阶段又可根据基层板的分时 SCI 再分成若干子阶段。当加铺层 SCI 为 100,也就是尚未进入结构退化阶段,后一子阶段的 $C_{0,i+1}^*$ 与前一子阶段的疲劳累积CDFU$_i$ 有关,需对原始的 $C_{0,i+1}$ 进行修正,见式(3-4):

$$C_{0,i+1}^* = (1 - CDFU_i) C_{0,i+1} \qquad (3-4)$$

式中:$C_{0,i+1}^*$——加铺层第 $i+1$ 阶段调整后的 C_0 值,是判断加铺层是否进入结构退化期的重要指标;

CDFU$_i$——上一阶段的疲劳累积。

加铺层 SCI 一旦降至低于100就与基层道面板一起进入结构退化阶段,加铺层的这种退化既包含自身受荷因素,又包含基层板结构退化的影响,是一种合成退化,加铺层的疲劳寿命应结合基层板的分时 SCI 分阶段计算。

2.交通间隔划分

加铺时间点上若基层板的 SCI 为 100,则基层板的疲劳损伤按式(3-5)计算:

$$\mathrm{CDFU} = \frac{C}{C_{\mathrm{b}0}} \tag{3-5}$$

式中:C——截至加铺时基层板已承受的交通作用次数;

$C_{\mathrm{b}0}$——基层板在加铺前的 C_0 值。

此时基层板虽未发生结构性能退化,但已消耗了部分疲劳储备,这部分消耗的疲劳储备在加铺层设计时以等效作用次数的形式考虑进去。

加铺时间点上若 SCI < 100,则基层板已出现结构性损伤,加铺后基层板的 SCI 将持续降低,对加铺层的支撑能力也将持续减弱,导致加铺层底部拉应力持续增大,DF 不断减小,应分阶段计算对应于基层板分时 SCI 的加铺层疲劳寿命。分时交通间隔划分如图 3-10 所示。

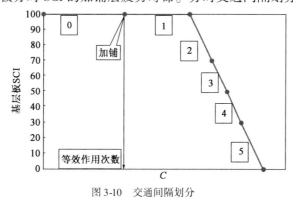

图 3-10　交通间隔划分

0 阶段:从 0 到等效作用次数为止是基层板的疲劳累积阶段,该阶段要将加铺前的交通量造成的疲劳累积用加铺后的等效作用次数来代替,等效是指加铺前与加铺后的这部分作用次数在基层板中引起的疲劳累积完全一致。

1 阶段:从等效作用次数到基层板曲线拐点 C_0 为止,该阶段基层板 SCI 仍为 100,但疲劳储备即将消耗殆尽,将进入结构退化期。

2 阶段:基层板 SCI 处于 70 ~ 100,计算时采用的代表值为 80。

3 阶段:基层板 SCI 处于 50 ~ 70,代表值为 60。

4 阶段:基层板 SCI 处于 30 ~ 50,代表值为 40。

5 阶段:基层板 SCI 处于 0 ~ 30,代表值为 20。

交通间隔的划分主要以基层板的 SCI 为依据,每个阶段的基层板的结构状况指数可视为恒定的,可将有效模量视作定值,以便计算加铺层的板底拉应力,计算加铺层在该阶段的 C_{0i}、$C_{\mathrm{F}i}$,进而确定加铺层在该阶段的疲劳寿命。根据 FAA 的破坏标准,加铺层达到破坏时道面 SCI 为 80,因而在设计过程中加铺层的弹性模量始终不变。

3.加铺层厚度计算流程

加铺层厚度经试算确定,计算流程如图 3-11 所示。试算开始前先要进行现状道面损坏情况调查,在调查的基础上选择合适的力学计算参数。

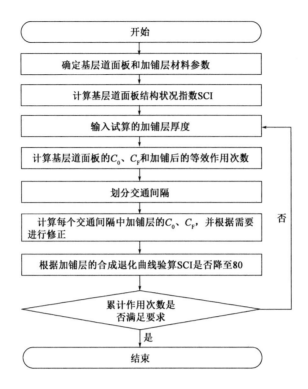

图 3-11　加铺层厚度计算流程

下面结合一个算例进行演示。图 3-12 表示加铺前后的道面结构,选择隔离式加铺(隔离层在建模时忽略)方式。加铺前荷载为 20000N 单轮重,旧道面板在加铺时已经承受了 520 次作用,加铺后单轮重增至 60000N。

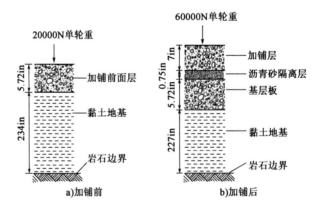

图 3-12　加铺前后道面结构

(1)基层道面板在加铺前后的 C_0、C_F 见表 3-8,截至加铺时所受的疲劳损伤为 $\mathrm{CDFU}_\mathrm{b} = \dfrac{C}{C_{\mathrm{b0}}} = \dfrac{520}{2117} = 0.246$,转化为加铺后的等效作用次数为 $N_{\mathrm{eq}} = 0.246 \times 2779 = 683$ 次。

基层道面板加铺前后的 C_0、C_F　　　　　　　表 3-8

阶段	C_0	C_F	最大拉应力(psi)
加铺前	2117	8779	405
加铺后	2779	11552	395

基层道面板作用次数由加铺前的 520 次转化为加铺后的 683 次表示:基层道面板在加铺前经受的 520 次大小为 405 psi(2.80MPa)的拉应力相当于加铺后经受的 683 次大小为 395 psi(2.70MPa)的拉应力,两者达到的疲劳效果是一致的。

(2)根据基层板的分时 SCI,计算加铺层的分阶段 C_0 并进行修正(表 3-9)。

交通阶段划分及加铺层分阶段 C_0、C_F 计算　　　　　表 3-9

交通阶段	分阶段疲劳寿命（基层板 SCI）	基层道面板			加铺层				
		SCI	E_r	E(psi)	板底应力(psi)	C_0	C_F	疲劳累积 $CDFU_i$	调整后的 $C_{0,i}^*$
0	0 ~ 2097(100)	100	1.000	3800000	360	11254(SCI = 100)	47327	0.186	11254（不变）
1	2097 ~ 3579（70 ~ 100）	80	0.748	2842459	386	4881(SCI = 100)	20357	0.373	3973
2	3579 ~ 4984（50 ~ 70）	60	0.525	1995846	414	2233(SCI = 100)	9238	开裂	1400
3	4984 ~ 6851（30 ~ 50）	40	0.33	1225824	446	1030(SCI = 80)	4229	—	—

首先是第二列基层板分阶段疲劳寿命的确定,各阶段根据图 3-10 进行划分,目的是使每个寿命阶段基层板的有效模量保持不变。从计算过程来看,加铺层与基层板 SCI 的降低并不完全同步,当加铺层 SCI 仍为 100 时,基层板 SCI 经历了 3 个阶段:当作用次数达到 2097(2780 - 683 = 2097)次时,基层板 SCI 迎来转折点,加铺层此时的疲劳损伤 $CDFU_0 = \dfrac{2097}{11254} = 0.186$;1 阶段基层板 SCI 已降至 80,而加铺层 SCI 仍保持在 100,此时加铺层结构状况的拐点已不再是 $C_{0,1}$,而应根据前一阶段的疲劳损伤调整为 $C_{0,1}^*$。1、2 阶段原始的 $C_{0,1}$ 和 $C_{0,2}$ 应分别调整为 $C_{0,1}^* = (1 - CDFU_0)C_{0,1} = (1 - 0.186) \times 4881 = 3973$,$CDFU_1 = \dfrac{1482}{3973} = 0.373$,$C_{0,2}^* = (1 - CDFU_1)C_{0,2} = (1 - 0.373) \times 2233 = 1400$。

计算结果意味着 2 阶段 1400 次作用之后加铺层表面将发生开裂,迎来加铺层 SCI 的转折点。

(3)计算加铺层 SCI 降至 80 时的疲劳寿命。从前一步分析可以看出,2 阶段的实际作用次数刚刚超过调整后的 $C_{0,2}^*$,3 阶段计算的 $C_{0,3}$ 无须再修正了。根据加铺层 SCI 的线性退化规律,从 1030 次(SCI = 100)开始再经过 1367 次作用,SCI 的减小幅度为 $\Delta SCI = \dfrac{(\lg 1367 - \lg 1030) \times 100}{\lg 4229 - \lg 1030} = \dfrac{0.123 \times 100}{0.613} = 20$。

加铺层 SCI 降至 80 达到破坏标准,此时累积的作用次数为 6351(4984 + 1367 = 6351)次,加铺层将在 3 阶段破坏,这时基层板的 SCI 已降至不足 60。

(4)根据使用年限要求,判断 6351 次疲劳寿命是否满足要求,若不满足要求,调整加铺层试算厚度,进行新一轮迭代直至满足要求。

4. 不同加铺方式与基层板的影响

FAA 水泥混凝土加铺层设计方法基本建立在 Rollings 设计方法的基础上,只是力学计算改用了三维有限元方法。Rollings 设计方法与传统的厚度补差法有本质的不同,主要体现在 Rollings 采用了弹性层状体系进行力学计算,同时又考虑了基层板的结构性能退化过程,下面通过一个实例分别对这两方面作进一步阐释。

假定直接置于土基上的水泥混凝土道面,混凝土抗拉强度结合模量确定:弹性模量 4×10^6 psi(27580 MPa)对应的抗拉强度为 600psi(4.14MPa),弹性模量 4.5×10^6 psi(31027 MPa)对应的抗拉强度为 700psi(4.83MPa),弹性模量 5×10^6 psi(34475 MPa)对应的抗拉强度为 800psi(5.52MPa)。基层板的结构性能完好。Rollings 随机选择了 14 组设计参数,包括设计机型、作用次数、土基强度、加铺层和基层道面板的弹性模量及厚度等。

1)隔离式加铺层

为使基于弹性层状体系与经验公式的计算结果尽量在相同的前提下进行比较,将破坏标准修改为无论是加铺层、基层板还是等效板,都以底部出现开裂作为破坏标准;加铺时的基层板结构完好,不考虑结构状况的退化和疲劳,$C_r = 1$。无黏结加铺层厚度计算结果见表 3-10,如图 3-13 所示,表中按弹性层状体系计算了等效板、加铺层及基层板的板厚,再用厚度补差法计算了加铺层厚度以进行对比,每次只考虑一种机型。

无黏结加铺层计算结果 表 3-10

机型		作用次数	等效板厚	加铺层厚度	加铺层模量	基层板厚度	基层板模量	土基模量	CE 经验公式
		$\times 10^3$ 次	in	in	$\times 10^6$ psi	in	$\times 10^6$ psi	$\times 10^4$ psi	in
1	F4	10	8.5	7.3	5.0	4.0	5.0	3.5	7.5
2		25	10.6	9.5	4.5	4.0	4.0	1.0	9.8
3		75	10.0	4.9	4.5	7.5	5.0	3.5	6.6
4	B727	10	16.0	14.2	4.5	4.0	4.5	1.0	15.5
5		25	14.2	6.4	4.0	10.7	4.5	5.0	9.3
6		50	14.4	7.9	5.0	10.8	5.0	2.0	9.5
7		50	13.7	9.8	4.5	8.2	4.0	5.0	11.0
8		75	17.5	10.9	4.5	10.5	4.5	1.0	14.0
9	C141	10	19.0	6.5	4.0	14.2	4.5	1.0	12.6
10		50	21.5	14	4.5	8.6	5.0	0.4	19.7
11		50	14.2	12.6	4.5	4.0	4.5	3.5	13.6
12		75	22.3	12.1	5.0	11.2	5.0	0.4	19.3
13	B747	100	16.2	14.5	4.0	4.0	5.0	3.5	15.7
14		250	19.6	11.5	4.0	11.8	4.0	2.0	15.6

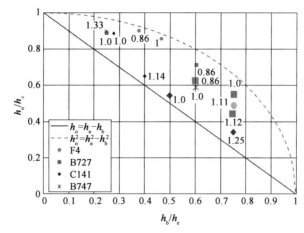

图 3-13　无黏结加铺层厚度计算结果

从图 3-13 可以看出,所有数据点都落在 CE 的两条曲线之间,传统的无黏结加铺层厚度曲线可视作上限。图标旁的数字代表基层板与加铺层的弹性模量之比,图标的大小分别表示破坏由基层板开裂控制和加铺层开裂控制的情况,当基层板厚度较小时加铺层底部先开裂,当基层板厚度较大时基层板底部先开裂,试算数据基本都落在加铺层或基层板的应力等效曲线所包络的范围内(图 1-7)。对于由基层板开裂控制的情况,基层板的模量对加铺层计算厚度影响较大,基层板与加铺层的模量比越大,所需的加铺层厚度越小。

2)部分黏结加铺层

Rollings 从表 3-10 中遴选出 7 组数据按部分黏结方式试算了加铺层的厚度,连同之前 CE 试验数据与无黏结加铺的计算数据一同表示在图 3-14 上。试算时弹性层状体系中的层间接触系数 k 取 750($k=0$ 表示层间完全黏结,$k=1000$ 表示层间完全光滑,k 通常在 0 ~ 1000 内变动,实践证明弹性层状体系计算程序对于 k 值不那么敏感,$k=750$ 足以代表部分黏结的情况)。可以看出,无论是试算数据点还是试验数据点都位于传统的完全黏结和完全无黏结曲线之间,但部分黏结的计算数据和 CE 的试验数据在部分黏结曲线($n=1.4$)两侧均有分布,表明传统的部分黏结计算公式得到的加铺层厚度并不安全,n 取 1.4 是有问题的。图中还显示按弹性层状体系计算得出的完全无黏结和部分黏结的加铺层厚度之间的差别很小,而经验公式计算结果之间的差别最大可超过 30%,表明传统经验公式对黏结的估计可能过于乐观,高估了黏结效果。鉴于此,FAA 从 6E 起就放弃了部分黏结的加铺方式,规定加铺层设计只能是完全黏结或完全无黏结(隔离式)。

3)基层板结构状况的影响

Rollings 设计方法的一大进步是能够定量考虑基层道面板的结构状况。事实证明,基层道面板的结构状况对加铺层厚度影响很大。以表 3-10 中序号 5 所在行为例,在不考虑基层板疲劳损伤的情况下,得出的无黏结加铺层厚度为 6.4in(16.3cm),若考虑基层板的疲劳累积(用 F 表示,$0<F<1$,SCI = 100)和结构退化(SCI < 100),加铺层 SCI 曲线随疲劳的积累和结构功能的退化呈现出如图 3-15a)所示的不同形态。以表 3-10 中序号 4、5、7 所在行为例,若考虑基层板的不同结构状况,加铺层厚度计算结果随着基层板结构性能的削弱而增长,如图 3-15b)所示;以序号 5 所在行为例,若基层板的疲劳累积 F 从 0 增长到 1,则相应的加铺层厚度从

6.4in(16.3cm)增至7.4in(18.8cm)。图中所有数据点都落在相应的传统公式曲线以下,表明采用现状板块条件因子 C_r 会使传统公式偏于保守。

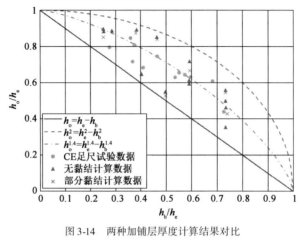

图 3-14　两种加铺层厚度计算结果对比

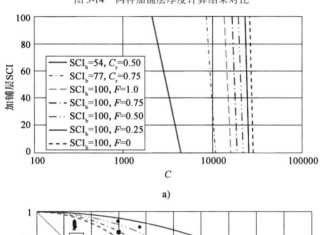

a)

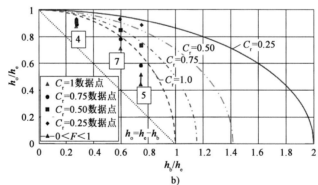

b)

图 3-15　基层道面板不同条件下的加铺层曲线

3.3.2　刚性道面上的沥青加铺层设计方法

由于旧水泥混凝土道面存在接缝和裂缝,沥青加铺层的主要病害之一是反射裂缝破坏,然而由于尚未建立基于反射裂缝破坏的沥青加铺层的设计方法,只能退而求其次,通过控制现有基层板的继续开裂来达到在一定程度上控制沥青加铺层中反射裂缝的目的,即设计的目的是在设计年限内尽量确保基层板在加铺后不会再产生新的裂缝。具体而言,当旧水泥混凝土道面 SCI 为 100 时,加铺后基层板的 SCI 维持在 100 不变;当旧水泥混凝土道面 SCI 小于 100 时,保证加铺后基层板的 SCI 不会大幅降低。从减轻反射裂缝破坏角度出发,加铺的旧水泥混凝土道面 SCI 不宜过低(SCI 不低于 80);若旧混凝土道面 SCI 过低,整体性较差,可选择将原道面板进一步破碎作为粒料基层使用,适用新建柔性道面设计方法。

刚性道面上加铺沥青混凝土面层,原道面板的受力模式随着加铺层厚度的不同而有所区别:若加铺层较薄(未超过旧道面板厚),旧道面板仍接近于板的弯拉受力;若加铺层较厚(超过旧道面板厚),旧道面板只作为基层而受压,接近层状弹性体的受力,此时还需按新建柔性道面的要求复核沥青面层底拉应变和土基顶面垂直压应变。因此,当按前一种受力计算出来的加铺层厚度超过旧道面板时,FAARFIELD 程序还会自动按后一种受力方式验算加铺层厚度,然后取小值。加铺层厚度要满足 3in (7.6cm)的最小厚度要求。

沥青加铺层设计前需判断现状道面 SCI 是否低于 100,若不能确定,可按 SCI=80 计算加铺层厚度,只是得出的结果偏保守。例如,旧混凝土道面板厚 10.8in(27.4cm),抗弯拉强度为 800psi(5.52MPa),弹性模量为 5000000psi(34475MPa),土基弹性模量为 20000psi(138MPa),沥青混凝土弹性模量为 250000psi(1724MPa)。为承受预测的 B727 的 50000 次作用,对旧道面进行加铺,采用弹性层状体系对加铺层厚度的试算结果见表 3-11,表中的 C_0 对应于基层板 SCI 为 100 时曲线的拐点,C_F 对应于基层板 SCI 为 0 时的疲劳寿命。可以看到,若按 SCI 为 100 计算,当沥青加铺层厚度为 9.8in(24.9cm)时,C_0 接近 50000 次,整个设计年限中基层板 SCI 几乎可维持在 100 不变。

加铺层厚度试算(SCI=100)   表 3-11

沥青混凝土厚度(in)	板底拉应力(psi)	C_0	C_F
2	481	808	3319
4	439	2058	8531
6	402	5514	23077
8.2	365	18033	76378
9.8	340	46472	198712

若按旧道面板 SCI 为 80 考虑,加铺层厚度的试算结果见表 3-12。当加铺层厚度为 14in(35.6cm)时,整个设计寿命中基层板的 SCI 只有略微下降,因此,当原道面板 SCI 小于 100 时,加铺层厚度为 14in (35.6cm)。

加铺层厚度试算(SCI<100)   表 3-12

基层板 SCI 初始值	沥青混凝土厚度(in)	设计寿命结束后基层板 SCI
80	9.8	37
	12	64
	14	76

大量的试算统计表明,对于较薄的加铺层,FAARFIELD 程序得出的厚度比传统的厚度补差法得出的厚度要大;而对较厚的加铺层,FAARFIELD 程序得出的厚度比传统的厚度补差法得出的厚度要小。

第4章

道面等级号评价方法

飞机-道面等级号的基本思想是用单一数值表示飞机对道面的作用(飞机等级号)和道面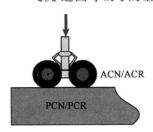结构对飞机的承载能力(道面等级号),如图4-1所示。道面等级号建立在推导当量单轮质量(DSWL)的基础上,数值上等于DSWL的2倍。ICAO在"附件14"中规定对于拟供全质量5700kg以上机型使用的道面应通报机场道面等级。道面等级通报方法目前仍沿用ACN-PCN方法,但ICAO规定在2024年11月28日之后改用ACR-PCR方法。道面等级号评价虽属于道面评价方面

图4-1　飞机-道面等级号原理

的内容,却与道面设计关系密切,本质上也是疲劳设计原理的运用。

4.1　道面承载力通报的 ACN-PCN 方法

曾经广泛使用的道面 PCN 的计算方法主要有 DSWL 法和评价机型法。评价机型法又有基于起落架或基于疲劳损伤这两种转化方法。不同评价方法的差别体现在 DSWL 的计算原则与方法上:DSWL 法的 PCN 评价结果与机型、交通量无关,评价机型法的 PCN 评价结果则考虑了交通量因素。不同方法计算出来的 PCN 差别较大,最大可达200%,相互之间不具有可比性。

4.1.1　DSWL 法

DSWL 法将道面的承载能力与荷载联系起来,表示一定厚度的道面结构能够静态地承受多大的单轮荷载而不破坏,这个单轮荷载就用 DSWL 表示。DSWL 仅与道面结构的几何与力学性能有关,与飞机荷载及交通量无关。注意 DSWL 不同于 ESWL,ESWL 是以弯沉等效为前提将复杂起落架等效为一个单轮荷载计算出来的。

柔性道面的 DSWL 与道面结构厚度的关系见式(4-1):

$$h = \left(\frac{\text{DSWL}}{0.5695\text{CBR}} - \frac{\text{DSWL}}{32.085p} \right)^{0.5} \tag{4-1}$$

式中:h——柔性道面的总厚度(cm);

p——标准轮胎压力,柔性道面规定为 1.25MPa;

DSWL——推导当量单轮质量(kg)。

刚性道面的 DSWL 与材料的允许弯拉强度的关系见式(4-2):

$$\sigma = \frac{0.275 \text{DSWL}}{h^2}(1+\mu)\lg\frac{Eh^3}{Kb^4} \tag{4-2}$$

式中:σ——水泥混凝土允许弯拉强度(MPa);

　　　h——水泥混凝土道面板厚度(cm);

　　　E——水泥混凝土的弹性模量(MPa);

　　　μ——水泥混凝土的泊松比;

　　　K——基础反应模量(MN/m³);

　　　b——荷载圆半径(m),当轮印的当量圆半径 $a \geq 1.724h$ 时,$b=a$;当 $a < 1.724h$ 时,按式(4-3)计算:

$$b = \sqrt{1.6a^2 + h^2} - 0.675h \tag{4-3}$$

4.1.2　评价机型法

我国民航和 FAA 均采用考虑交通量的评价机型法计算道面 PCN。《民用机场道面评价与管理技术规范》(MH/T 5024—2019)中的评价机型法将交通组合中的所有机型依次作为评价机型,基于起落架换算公式将混合交通换算成评价机型的交通量,计算各评价机型在最大容许运行质量下的 ACN,将其中最大的 ACN 作为道面的 PCN。

FAA 也采用评价机型法计算道面 PCN,但交通量的转化是基于疲劳损伤等效原理,被转化机型和评价机型在道面中产生的 CDF 是相等的,依次将每种机型作为评价机型计算 ACN,从中选取最大的 ACN 作为道面的 PCN。

无论哪种评价机型法,在面对混合交通时都要将混合交通中其他机型的作用次数转化成评价机型的作用次数,但由表 2-8 可以看出,不同方法的转化结果差异巨大。

4.1.3　三种方法计算结果对比

以表 4-1 中的一组混合交通为例,评价期为 20 年。水泥混凝土道面板厚 40cm,基顶反应模量为 120MN/m³,混凝土抗弯拉强度为 4.5MPa,弹性模量为 27GPa,用上述三种方法得出的 PCN 值见表 4-2。

飞机基础数据　　　　　　　　　　　　　　　　表 4-1

机型	最大起飞重量 (kN)	主起落架荷载 分配系数	起落架构型	年运行次数	胎压 (MPa)
B737-800	790.04	0.950	双轮	10000	1.47
A321	830.00	0.956	双轮	7000	1.36
B737-700	701.00	0.950	双轮	4000	1.39
A330-300	2330.00	0.958	双轴双轮	4000	1.42
B747-400	3968.93	0.952	双轴双轮	3000	1.38

续上表

机型	最大起飞重量（kN）	主起落架荷载分配系数	起落架构型	年运行次数	胎压（MPa）
B767-300	1587.50	0.950	双轴双轮	2000	1.38
B767-200	1428.82	0.950	双轴双轮	1500	1.24
A340-300	2750.00	0.802	双轴双轮	1000	1.42
A340-600	3680.00	0.660	双轴双轮	500	1.42

三种方法得出的 PCN 值　　　　表 4-2

评价机型	PCN		
	DSWL 法	评价机型法	
		我国民航基于起落架转化的方法	FAA 基于疲劳损伤的轮载转化方法（由 COMFAA 计算）
A321	86.3	50.3	51.2
B737-800		51.4	50.7
A330-300		65.8	54.8
B737-700		47.5	43.2
A340-600		66.4	60.7
A340-300		65.6	54.0
B747-400		62.2	54.2
B767-300		54.1	40.1
B767-200		48.9	33.4

从结果可以看出：

（1）DSWL 法得出的 PCN 与机型无关，明显高于另两种方法得出的 PCN。FAA 方法得出的 PCN 较低。

（2）评价机型法的缺点是 PCN 依赖评价机型，中美不同评价机型法的差值分别为 18.9 和 27.3，一般选择其中最大的 ACN 作为道面 PCN。

（3）我国民航基于起落架转化的做法与设计的疲劳原理有较大区别，由于《民用机场水泥混凝土道面设计规范》(MH/T 5004—2010)早已摒弃设计机型法，转而采用基于疲劳损伤的设计方法，导致与道面评价标准不统一。FAA 方法虽然统一了设计与评价的标准，但 COMFAA 是将各机型的最大 CDF 相加得出 $\sum_{i=1}^{n} \max(\mathrm{CDF}_i)$，与设计选取的 $\max(\sum_{i=1}^{n}\mathrm{CDF}_i^j)$ 指标还是有不小的差别，因此，COMFAA 计算的 PCN 过于保守，COMFAA 的方法只能视为我国民航评价方法与新的 ACR-PCR 评价方法之间的一种过渡方法。

4.2 ACR 的确定

4.2.1 相关概念与条件

ACR 与 ACN 一样实质上都是起落架的 DSWL。飞机制造商在给出 ACR/ACN 时要虚拟一个道面结构，飞机的 DSWL 的计算实际上包含了一些隐含条件和假设。这个虚拟的道面厚度越厚，则其上的 DSWL 越大，两者呈正相关且等效。

1. 土基强度

飞机制造商给出的 ACR 中土基强度按高、中、低、特低四类分别取值，与道面设计的取值并不完全一样：

A（高）：土基弹性模量 E 大于 150MPa，计算时采用 200MPa 的代表值。

B（中）：土基弹性模量 E 在 100~150MPa，计算时采用 120MPa 的代表值。

C（低）：土基弹性模量 E 在 60~100MPa，计算时采用 80MPa 的代表值。

D（特低）：土基弹性模量 E 低于 60MPa，计算时采用 50MPa 的代表值。

2. 混凝土道面板标准工作应力

刚性道面板中荷位产生的最大板底拉应力 2.75MPa 规定为标准工作应力。

3. DSWL 的推导

DSWL 是道面承载力评价中的核心概念。无论飞机质量大小，位于何种强度土基上，假定对道面的厚度要求为 t，同时假设一个胎压为 1.50MPa 的单轮荷载对道面也有一个厚度要求为 t'，当用弹性层状体系求出的这两个道面厚度相等时，就称这个单轮荷载为这架飞机的 DSWL。可见 ACR 建立在一个隐含的道面厚度中介上：刚性道面的 DSWL 与飞机起落架在该厚度道面板中产生的工作应力都是 2.75MPa；对于柔性道面，该厚度道面要能经受 DSWL 36500 次的通行。

4. ACR 数值

ACR 在数值上规定为以 100kg 为单位表示的 DSWL 的 2 倍。

5. 飞机的质量与重心

飞机主起落架荷载除与运行质量有关外，还和飞机重心有关，飞机重心随着主起落架荷载分配比例的不同，在鼻轮与主轮之间变化。飞机制造商给出的飞机 ACR 是在给定质量下的最大和最小 ACR，这时飞机重心的位置正好使飞机的 ACR 达到最大或最小，制造商同时会给出胎压的推荐值。也可用由 ICAO 或我国民航提供的计算机程序计算飞机在任意质量、重心和胎压下的 ACR。

6. 参考道面结构

计算 DSWL 所参考的刚性与柔性道面结构见表 4-3。

参考道面结构 表4-3

结构层	厚度(mm)	弹性模量 E(MPa)	泊松比 μ
刚性道面			
水泥混凝土面层	待求,不小于50.8	27579	0.15
级配碎石基层	200	500	0.35
土基	无限深	根据分类取值	0.40
柔性道面			
沥青面层	127	1379	0.35
级配碎石基层	待求,不小于25.4	见3.2.1	0.35
土基	无限深	根据分类取值	0.35

7. 力学验算点

刚性与柔性道面的力学计算都是基于弹性层状体系模型:刚性道面计算时选择主起落架中的一个,可以是单轮、双轮、双轴双轮或三轴双轮等形式,应力计算点位于起落架其中一个轮印的中心;柔性道面一般也选择其中一个主起落架,对于具有复合起落架的机型如 A380、B747,要同时选择一侧的机腹与机翼起落架作为研究对象,考虑到轮载间相互作用较强,柔性道面应力验算点是一个阵列,如图2-12所示。

8. 新老方法的差异

至此可对飞机等级号计算方法的差异稍作总结:①ACN 是基于半无限弹性地基上的 Boussinesq 解或弹性地基上小挠度薄板的 Westergaard 解得出的,而 ACR 则统一基于弹性层状体系;②柔性道面的作用次数 ACN 为10000次,ACR 通行次数为36500次,刚性道面的作用次数 ACN 为10000次,ACR 则与通行次数脱钩,转而假定板中工作应力为2.75MPa;③计算 DSWL 的胎压 ACN 用的是1.25MPa,ACR 改为1.50MPa;④ACR 的数值以100kg 为单位,ACN 则以1000kg 为单位。

4.2.2 ACR 算例

1. 刚性道面算例

求总质量为397800kg(主轮荷载占比为93.33%)的 B747-400(胎压为1.38MPa)作用于中等强度土基道面上的 ACR。

(1)确定参考道面结构厚度。4个主起落架中每个主起落架分担的荷载为910.2kN,土基弹性模量为120MPa,为使板底拉应力达到2.75MPa,采用弹性层状体系计算得到的混凝土道面板厚为381mm。

(2)确定 DSWL。为使板厚为381mm 的混凝土道面板达到2.75MPa 的标准应力,采用弹性层状体系计算得到胎压为1.50MPa 的 DSWL 为34280kg。

(3)确定 ACR。ACR $= 2 \times 343 = 686$,取690。

2. 柔性道面算例

求总质量为254692kg(主轮荷载占比为92.46%)的 B787-9(胎压为1.56MPa)作用于低强度土基道面上的 ACR。

（1）确定参考道面结构厚度。2 个主起落架中每个主起落架分担的荷载为 1153.9kN，土基弹性模量为 80MPa，为使道面结构满足 36500 次通行要求，土基顶面压应变应为 0.001325，采用弹性层状体系计算得到的柔性道面结构总厚应为 796mm。

（2）确定 DSWL。为使道面达到 36500 次通行要求，土基顶面压应变应为 0.001325，采用弹性层状体系计算得到胎压为 1.50MPa 的 DSWL 为 37522kg。

（3）确定 ACR。ACR = 2 × 375 = 750。

4.3 道面 PCR 评定方法及应用

4.3.1 道面承载力评价的反向设计原理

道面设计是根据已知的交通量和道基条件确定道面结构层材料和厚度的过程，道面承载力评价恰恰与之相反：从已知的道面结构信息倒推道面能够经受多大的荷载和交通量。道面承载力评价其实是设计原理的反向运用，它们的输入、输出正好相反。

道面承载力评价中道面结构参数的获取应满足评价方法的要求。结构层厚度和力学参数、土基强度等信息可以从设计或施工资料中查找或实测。沥青材料结构层在进行评价时还要指定参考温度，若道面结构采取了特殊的防冻抗冻设计，评价时也要给予关注。尤其是交通量，应根据不同的评价要求采用设计时预测的交通量或实际预测的交通量数据。

4.3.2 道面 PCR 的通报格式

道面 PCR 的通报格式中除道面等级号数值之外，还包括一串包含道面结构类型、土基强度类型、最大允许胎压类型，以及评价方法等信息的符号。

道面结构类型：刚性道面用 R、柔性道面用 F 表示。刚性道面上加铺沥青混凝土的复式道面一般按刚性道面对待。

土基强度类型：A 表示土基弹性模量大于 150MPa 的高强度土基；B 表示土基弹性模量在 100 ~ 150MPa 的中等强度土基；C 表示土基弹性模量在 60 ~ 100MPa 的低强度土基；D 表示土基弹性模量低于 60MPa 的特低强度土基。新建道面的土基强度取值要与设计保持一致；现状道面的土基强度可根据实测的反应模量或回弹模量确定，或从地质勘察报告等资料中获取，也可以从当地经验公式中获取。

最大允许胎压类型：胎压无限制用 W 表示，胎压在 1.25 ~ 1.75MPa 用 X 表示，胎压在 0.50 ~ 1.25MPa 用 Y 表示，胎压小于 0.5 MPa 用 Z 表示。刚性道面和新建柔性道面的允许胎压可无限制，质量较差的柔性道面应限制胎压，若道面没有发生明显病害，则所能承受的胎压类别可根据其所承受的最大胎压（运行频率不宜过低）来判定。

评价方法：技术评定用 T 表示，经验评定用 U 表示。技术评定方法指根据交通量和道面结构，采用疲劳损伤累积原理确定 PCR 的方法；经验评定方法指根据道面的使用情况确定 PCR 的方法。道面结构和飞机荷载是道面承载能力的两个方面，若将道面结构看成原因，飞机荷载就是结果。技术评定方法遵循的是由因寻果的思路，分析道面结构能够承受多大荷载；经验评定方法从实际运行飞机出发，倒推道面结构有多大承载力，遵循的是相反的由果溯因的思路。FAA 规定只要条件许可,应尽量使用技术评定方法,只有当缺乏相关的交通量和道面结构资料时,才能使用经验评定方法。

4.3.3 道面 PCR 的技术评定方法

1. 道面 PCR 的计算步骤

道面 PCR 的技术评定只能由程序执行,按照以下步骤:

(1)收集道面结构资料,确定有关计算参数。

(2)确定使用道面的机型组合和交通量,飞机的运行荷载和横向偏移行为参数。

(3)计算各飞机在运行荷载下的 ACR 初值。

(4)计算所有飞机在条带中产生的 $\max(\sum\limits_{i=1}^{n}\mathrm{CDF}_i^j)$。

(5)将对 $\max(\sum\limits_{i=1}^{n}\mathrm{CDF}_i^j)$ 贡献最大的飞机作为评价机型,将机型组合中除了评价机型的其余机型剔除。第 1 个作为评价机型的飞机记作 AC_1,第 m 个评价机型记作 AC_m。

(6)调整评价机型的交通量,使评价机型的 CDF 与第(4)步中的 $\max(\sum\limits_{i=1}^{n}\mathrm{CDF}_i^j)$ 相等,表示在总的疲劳累积不变的前提下,将混合交通量转化为评价机型的交通量。

(7)调整评价机型的质量使 $\max(\sum\limits_{i=1}^{n}\mathrm{CDF}_i^j)=1$,得到的这个质量称为最大允许总质量(MAGW)。不管第(4)步中的 $\max(\sum\limits_{i=1}^{n}\mathrm{CDF}_i^j)$ 是否为 1,此举将飞机对道面的作用调整到破坏的临界状态:若原 $\max(\sum\limits_{i=1}^{n}\mathrm{CDF}_i^j)<1$,调整的结果是增载;若原 $\max(\sum\limits_{i=1}^{n}\mathrm{CDF}_i^j)>1$,调整的结果是减载。

(8)计算评价机型在 MAGW 下的 ACR,将这个值作为 $PCR(m)$。

(9)如果评价机型 AC_m 与第(3)步中 ACR 初值最大的机型相同,则跳至第(13)步,不然执行第(10)步。

(10)将当前的评价机型从机型列表中剔除,形成一个不包括之前的评价机型的机型列表(称为剩余列表)。

(11)计算剩余列表中各飞机的 CDF,将其中对 $\max(\sum\limits_{i=1}^{k}\mathrm{CDF}_i^j)$($k$ 表示剩余列表中的机型数)贡献最大的飞机作为评价机型,将编号 m 加 1[注意不能直接将第(3)步中对 $\max(\sum\limits_{i=1}^{n}\mathrm{CDF}_i^j)$ 贡献第二大的机型作为评价机型]。

(12)重复(3)~(9)步。

(13)将第(8)步中的 $PCR(m)$ 作为通报的道面等级号。

应当注意,进行道面 PCR 评定时,各机型的 ACR 要根据实际的运行质量进行计算,这与飞机制造商公布的 ACR 是有所区别的。

技术评定的流程如图 4-2 所示。

PCR 的技术评定方法是针对给定的交通组合和交通量,在不发生疲劳破坏的前提下评价道面结构所能承受的荷载等级。当交通组合与评价时相比发生重大变化时,则可能会引起道面结构中疲劳损伤的较大变化,应重新计算道面 PCR。从上述计算步骤可以看出:PCR 评定的判别指标与设计一样也是 $\max(\sum_{i=1}^{n}\mathrm{CDF}_i^j) = 1$，为使 $\max(\sum_{i=1}^{n}\mathrm{CDF}_i^j) = 1$，技术评定方法调整的是飞机的 MAGW 而非交通量。

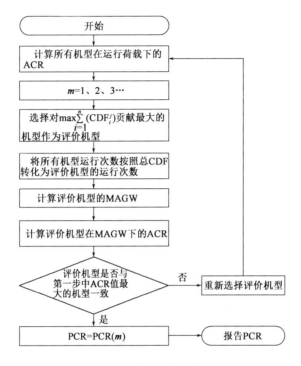

图 4-2　技术评定流程

道面 PCR 的技术评定方法虽然用到评价机型，但最终的 PCR 数值建立在增载或减载后的最大允许总质量的基础上，与评价机型无关。评价机型一般选择机型组合中对累积疲劳损伤贡献最大的机型。但可能会出现这样一种情况，采用交通量较大的对疲劳贡献最大的小飞机作为评价机型得出的 PCR，意味着对大飞机要减载，这样的 PCR 就不适合交通量较小的大飞机，因此，在流程中增加了一步判断，只有当该机型与 ACR 初值最大的机型一致时，该机型才能当作评价机型通报 PCR，不然要在机型列表里将该机型剔除，选择新的机型再重新按 $\max(\sum_{i=1}^{k}\mathrm{CDF}_i^j) = 1$ 计算 PCR，直到评价机型与 ACR 初值最大的机型相一致。

2. PCR 的技术评定算例

1）算例 1：评定某刚性道面 PCR

(1)收集道面结构、机型组合及年起飞架次等资料，见表 4-4 和表 4-5。

道面结构层参数　　　　　　　　　　　　表 4-4

结构层	厚度（cm）	弹性模量 E（MPa）	泊松比 μ
P501 面层	45	27579	0.15
P401/P403 稳定基层	12.5	2758	0.35
底基层	30	311	0.35
土基	∞	90	0.40

机型组合及年起飞架次   表 4-5

序号	机型	最大滑行质量(t)	主起落架荷载占比	年起飞架次	ACR 初值	对 $\max(\sum_{i=1}^{n} CDF_i^j)$ 的贡献
1	B747-8	440.0	94.7	365	910	0.023(机翼起落架), 0.001(机腹起落架)
2	A350-900	268.9	94.8	5475	920	0.935
3	B787-8	228.4	91.3	3650	870	0.158
4	A321-200	93.9	94.6	14600	660	0.124
5	B737-900	79.2	94.6	10950	550	0.001
6	EMB-190	48	95.0	10950	290	0

（2）计算各飞机在运行荷载下的 ACR 初值,见表 4-5。

（3）计算所有飞机产生的 $\max(\sum_{i=1}^{n} CDF_i^j)$ 为 1.242,贡献最大的是 A350-900,贡献的 CDF 为 0.935。

（4）将 A350-900 作为评价机型。

（5）为使 $\max(\sum_{i=1}^{n} CDF_i^j) = 1.242$,将评价机型 A350-900 的年起飞架次调整为 7227 $\left(5475 \times \dfrac{1.242}{0.935} = 7227\right)$ 次。

（6）调整评价机型的质量使 $\max(\sum_{i=1}^{n} CDF_i^j) = 1$,得到 MAGW 为 270.4t,意味着评价机型要增载。

（7）A350-900 在其 MAGW 下的 ACR 为 906。

（8）A350-900 就是 ACR 初值最大的机型,因此,该道面 PCR 为 910RCWT。虽然 A350-900 的 ACR 超过了道面 PCR,但没到 10%,运行是允许的。

2）算例 2:评定某柔性道面 PCR

（1）收集道面结构、机型组合及年起飞架次等资料,见表 4-6 和表 4-7。

道面结构层参数   表 4-6

结构层	厚度(cm)	弹性模量 E(MPa)	泊松比 μ
P401/P403 HMA 沥青面层	10.2	1379	0.35
P401/P403 稳定基层	12.7	2758	0.35
P209 底基层	17.5	467	0.35
土基	∞	200	0.35

机型组合及年起飞架次   表 4-7

序号	机型	最大滑行质量(t)	年起飞架次	ACR 初值
1	A330-300	233.9	52	570
2	B777-300ER	352.4	52	570
3	A380-800	571	52	550

序号	机型	最大滑行质量(t)	年起飞架次	ACR 初值
4	B737-900ER	85.4	10950	420
5	A320-200	77.4	10950	360
6	A321-200	93.9	1560	460

（2）计算各飞机在运行荷载下的 ACR 初值，见表4-7。

（3）计算所有飞机产生的 $\max(\sum_{i=1}^{n}\mathrm{CDF}_i^j)$ 为 0.99，表明该道面厚度是按疲劳损伤累积原理设计得到的，贡献最大的是 B737-900ER，贡献的 CDF 为 0.405。

（4）将 B737-900ER 作为评价机型1。

（5）为使 $\max(\sum_{i=1}^{n}\mathrm{CDF}_i^j)=0.99$，将评价机型 B737-900ER 的年起飞架次调整为 21837 $\left(10950\times\dfrac{0.99}{0.405}=21837\right)$ 次。

（6）调整评价机型的质量使 $\max(\sum_{i=1}^{n}\mathrm{CDF}_i^j)=1$，得到 MAGW 为 85.8t，评价机型可稍微增载。

（7）B737-900ER 在其 MAGW 下的 ACR 为 425。

（8）上步中的 B737-900ER 不是 ACR 初值最大的机型。

（9）将 B737-900ER 剔除，生成一张减少后的机型列表。

（10）计算剩余列表里各机型的 CDF，将对疲劳贡献最大的 A321-200 作为评价机型2。

（11）重复（4）～（10）步，本例中共循环3次，分别得出3个 PCR：PCR（1）为425（B737-900ER）、PCR（2）为465（A321-200）、PCR（3）为580（B777-300ER）。

（12）道面 PCR 为 580FAWT。道面 PCR 稍大于 ACR 初值中的最大值，表明该道面上运行的飞机无须减载。

4.3.4　道面 PCR 的经验评定方法

当没有现状道面结构资料，或交通量的详细资料不具备技术评定条件时，可以采用经验评定方法，也称"使用机型法"。

经验评定方法的前提是对道面状况做细致的调查，包括道面病害和以往的维护修补情况，应重点关注道面结构的薄弱环节，这些薄弱环节有助于判断道面超载的严重程度。良好的道面状况表明道面有能力承载其上运行的交通，而正在发展的道面病害则提示可能有超载。对于已出现功能性病害的旧道面，还要关注是否有必要限制胎压。经验评定法的评价机型一般是道面所能承受的常规运行的飞机中起落架最重的那款机型，这里的"常规运行"意味着运行频率不宜过低；"所能承受"指道面运行状况良好，无明显病害。评价机型确定后就可以根据机型的质量、土基强度、道面类型等借助程序计算，或从制造商提供的资料中查找评价机型的 ACR，将其作为道面 PCR。为了避免极少运行的机型成为评价机型，从而高估或低估道面的承载能力，FAA 规定评价机型的运行频率至少为每年250架次。

4.3.5 超载运行规则

在道面整个生命周期中,道面实际承受的荷载或交通量可能会超过道面的承载能力,称为超载,包括引起极限破坏的超载和引起疲劳破坏的超载,绝大多数道面超载由材料的疲劳诱发。从道面材料疲劳损伤的角度来看,超载之所以会加速道面结构损坏,缩短道面使用寿命,归根结底是造成了道面材料 CDF 的意外增大,超出了设计时的考虑。这种负面影响视超载的程度而异,一般来说轻微受控的超载运行因对道面的负面影响相对较小而被视作是允许的。

FAA 规定在道面评价期限中当交通组合发生较大变化时(包括机型全重和年起飞架次),应重新计算道面疲劳寿命。FAA 的超载评估建立在技术评定方法的基础上,需要详细的道面结构与交通量参数,评估超载的过程其实就是道面疲劳损伤重新计算的过程,若 CDF 大于 1,则视为超载,可采取下列三种措施中的一种:

(1)当交通组合中存在少数几种机型等级号超过道面等级号时,若维持原技术评定方法评定的道面等级号不变,则要么允许超载运行,要么要求这些超载机型减载运行。

(2)对道面进行加铺或重建以提高道面等级号。

(3)调整道面等级号使之等于交通组合中最大的飞机等级号,但需要加强道面维护。这种做法类似经验评定方法,会缩短道面剩余寿命,对耐久性不利。

ICAO 给出了三条简化的运行原则:

(1)对于偶然运行的飞机等级号 ACR 大于道面等级号 PCR 的机型,当飞机等级号不超过道面等级号的 10% 时运行是允许的,且超载飞机的交通量不应超过年总交通量的 5%。

(2)在冻融或土基强度受地下水影响而显著降低的最不利季节,若道面已经出现明显损坏迹象,则不允许超载运行。

(3)当有超载运行时,应对道面加强常规巡查,定期评估超载运行标准是否适用。

需要指出的是,由于第 1 条措施是经验性的,当超载超出了第 1 条所允许的范围时,就要改用技术评定方法重新计算 CDF 和道面 PCR,根据 CDF 溢出的程度再作决策。

第5章
柔性道面足尺试验

柔性道面足尺试验包含在 CC1、CC3、CC5 和 CC7 系列试验中,主要涉及柔性道面破坏模式、疲劳行为、超载的影响与长寿命道面等课题,取得了一些实证性的研究成果,对于了解柔性道面力学行为、建立柔性道面疲劳方程,以及完善柔性道面设计方法起到了关键作用。

5.1 柔性道面破坏试验

CC1 系列试验始于 1999 年 5 月,是 NAPTF 建成后完成的第一轮足尺试验,试验段包括 3 个刚性道面试验段和 6 个柔性道面试验段。图 5-1 表示 CC1 试验段的平面布置:土基强度在纵向分为低、中、高三种,每种强度土基内划分出一块刚性道面和两块柔性道面试验段。试验段代号包含 3 个字母,首字母表示土基强度:L 为低强度、M 为中等强度、H 为高强度;第二个字母表示道面类型:R 代表刚性道面、F 代表柔性道面;第三个字母表示基层类型:S 代表稳定基层、C 代表传统的粒料基层。

图 5-1 CC1 试验段平面布置

5.1.1 试验段结构与荷载

柔性道面试验段面层均为 5in(12.7cm)厚 P401 热拌沥青混凝土(HMA);基层采用 P401 热拌沥青混凝土或 P209 级配碎石,碎石顶面设计 CBR 为 80;垫层采用 P154 未破碎的颗粒材料或 P209 级配碎石,顶面设计 CBR 为 20。表 5-1 为柔性道面试验段分层结构厚度。为研究土基强度的影响,对原土进行了换填,低强度土基由低液限的黏土(ML)或粉土(CL)构成,平均 CBR 为 3.5;中等强度土基由高液限黏土(MH)构成,平均 CBR 为 7.5;高强度土基由级配不良的砂(SP)或粉土质砂(SM)构成,平均 CBR 在 20~30。

柔性道面试验段结构   表 5-1

分类	结构层	LFS(in)	MFS(in)	HFS(in)
HMA 面层	P401 面层	5	5	5
沥青稳定基层结构	P401 基层	5	5	5
	P209 垫层	30	8.5	—

续上表

分类	结构层	LFC(in)	MFC(in)	HFC(in)
粒料基层结构	P209 基层	8	8	11
	P154 垫层	36	12	—

试验荷载分别选用三轴双轮和双轴双轮,单轮重 45000lbf(204110N),LFS、LFC 上的单轮后来增加到 65000lbf(294830N),胎压 188psi(1.30MPa)。三轴双轮作用于中心线的北半幅,双轴双轮作用于南半幅。模拟加载车行驶方向为东西向,一次行驶能同时加载所有 9 个试验段。

在道面各结构层中预埋 MDD 多点位移传感器以量测不同深度处的竖向位移。图 5-2 表示每个试验段上位移传感器的平面布置形式,这 5 个传感器分别布置在两个横断面测线 1 和测线 2 上,中间的传感器布置在试验段中心线上。北侧的 2 个传感器布置在 6 轮起落架行驶的中心线上;南侧的 2 个传感器布置在 4 轮起落架行驶的中心线上。

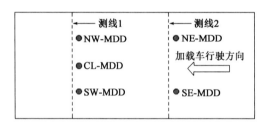

图 5-2 位移传感器布置

5.1.2 柔性道面破坏过程

表 5-2 列出了加载时段及最终的通行次数。由于各种原因,表中时段内的加载过程并不一定连续,如在正式加载 28 次之后由于邻近的刚性道面试验段出现了早期破坏,试验曾一度暂停;2000 年 11 月之后由于温度过低试验再度暂停,直至 2001 年 5 月才恢复。表中最后一列是停止加载时的累积通行次数。

CC1 柔性道面试验概况　　　　　　　　　　　　　　表 5-2

试验段	加载时段	荷载(×10³lbf)	通行次数
LFC	2000.2—2001.7	45	20000
		65	22000
LFS	2000.2—2001.7	45	20000
		65	25000
MFC	2000.2—2000.6	45	12000
MFS-N	2000.2—2000.11	45	19900
MFS-S	2000.2—2001.9	45	29000
HFC	2000.2—2000.5	45	3400
HFS	2000.2—2000.5	45	3400

以表面隆起达 1in (2.5cm)作为柔性道面整体结构破坏的标志,以沥青层表面出现龟裂

纹为疲劳破坏的标志。高强度土基上的 HFC 和 HFS 在荷载通过 3400 次后因没有发现任何破坏的迹象而终止了试验。低强度土基试验段上的单轮荷载起初为 45000lbf(204110N)，在通过了 20000 次后也没有发现明显破坏迹象，决定将荷载提高到 65000lbf(294830N)，结果发现随着加载次数的增长，沥青层表面出现了开裂破坏，但直至加载结束时也没有发现明显的隆起。中等强度土基上的 MFC 在荷载通行次数达到 12000 次时表面隆起超过 1in（2.5cm），达到整体结构破坏标准；MFS 在荷载通过了 19900 次后只发现局部破坏，于是停止了北侧 6 轮荷载的加载，南侧继续加载 4 轮荷载，但行驶速率减半以避免局部破坏过快增长，当荷载通行次数超过 25000 次后车辙深度开始大幅增长，并最终在 29000 次时表面隆起超过 1in（2.5cm），出现整体结构破坏。

通过图 5-3 车辙深度随通行次数的变化可以看出，相同土基强度上稳定基层试验段的车辙小于粒料基层试验段。MFC 的车辙深度有较大幅度的快速增长，低强度土基上的车辙增长较慢，提高荷载后才出现大幅增长。MFS 仅在测线 1 北侧（6 轮荷载作用区）出现了较大幅度的车辙增长，测线 1 南侧（4 轮荷载作用区）和测线 2 上的车辙均没有发现较快的增长。

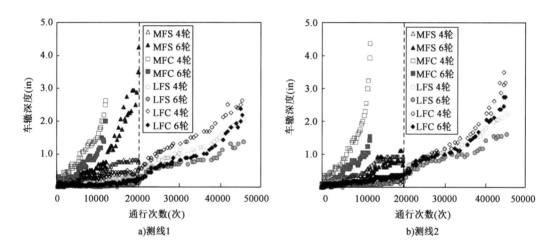

a)测线1　　　　　　　　　　　b)测线2

图 5-3　测线 1、测线 2 上的实测车辙深度随通行次数的变化

5.1.3　柔性道面失效模式与机理

根据沥青层表面观察到的车辙和隆起现象、埋设于道面结构内部的 MDD 多点位移传感器的竖向位移记录和试验后沿横向开挖的探槽剖面，可以对柔性道面失效模式做出初步判断。MFC 在加载到 12000 次时除了轮迹带上出现 4~6in（10.2~15.2cm）的车辙，通行宽度两侧也均有隆起。图 5-4 是 MDD 多点位移传感器记录的土基、基层及道面结构总的永久变形，可以看出，无论是三轴荷载还是双轴荷载，土基的永久变形起初有个快速增大的过程，反映了土基材料在荷载作用下被迅速压密的过程；土基的永久变形在 4000~6000 次以后出现了反向减小的过程，提示土体内部出现了滑移面，是一种典型的剪切破坏特征。从试验结束后开挖的如图 5-5 所示的探槽剖面中，还发现了土基土侵入垫层的现象，进一步提示垫层也出现了一定程度的剪切破坏，因为只有当垫层材料颗粒发生横移，侧限丧失了压力，才会被下层材料侵入。

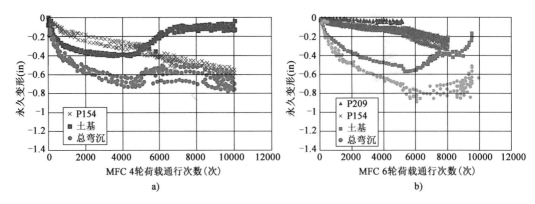

图 5-4　MFC 结构层永久变形-荷载通行次数关系

a)6轮荷载作用区　　　　　　　　　　b)4轮荷载作用区

图 5-5　MFC 断面发现的土基土侵入现象

图 5-6 表示 MFS 试验段道面各结构层的永久变形情况,道面结构总的永久变形主要由粒料和土基的压密变形组成。整个过程中土基的竖向变形都没有出现类似 MFC 中反向减小的现象,因此,表面局部的隆起是由较厚的沥青混凝土的横向推挤而非整体剪切破坏引起。在试验后开挖的探槽剖面中也没有发现土对粒料层的侵入。图 5-6a)、图 5-6b)分别显示,在 9500 次和 5000 次荷载通行前后土基和粒料层的永久变形速率突然增大,推测与当时的温度升高有关,沥青稳定基层因温度升高导致道面结构整体刚度减小,从而导致道面结构的永久变形增大。

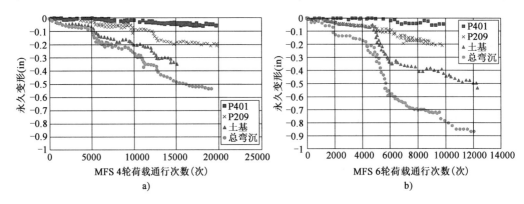

图 5-6　MFS 结构层永久变形-荷载通行次数关系

图 5-7 表示低强度土基上的道面结构层的竖向永久变形情况,由于在 20000 次后单轮荷载增至 65000lbf(294830N),曲线在 20000 次处有一个明显的转折,永久变形累积速率较之前有较大幅度的增长。LFS 道面结构最终的永久变形来自 P209 基层材料和土基,两者的贡献几乎相等;LFC 道面结构最终的永久变形由三部分组成:P209 基层材料、土基和 P154 垫层材料,其中垫层材料的贡献最大。试验后在探槽中实测的垫层材料和土基的 CBR 比加载前均有所提高,表明材料在加载过程中被进一步压密。低强度土基上的道面表面没有发现明显的隆起,但沥青面层出现了纵向开裂破坏,钻孔发现裂缝基本上都是 top-down 型。

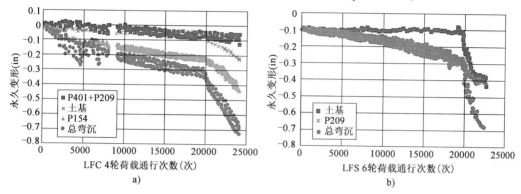

图 5-7 低强度土基上的道面结构层永久变形-荷载通行次数关系

图 5-8 表明,高强度土基上道面结构层永久变形增长的速率随荷载通行次数的增加而逐渐减小。换句话说,粒料与土基都显示出安定的迹象,土基和粒料层的永久变形趋于稳定,发生压密变形破坏和剪切破坏的可能性很小。

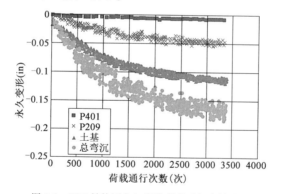

图 5-8 HFC 结构层永久变形-荷载通行次数关系

总体上看,试验中土基强度对柔性道面的破坏模式产生了重要影响:土基较弱,容易使永久变形过大,出现车辙及沥青面层的疲劳破坏;中等强度土基较易发生剪切破坏;较强的土基则比较稳定,不易发生前两种破坏。

5.2 柔性道面疲劳方程

CC1 系列足尺试验显示,柔性道面的破坏模式主要包括土基和粒料的剪切破坏、永久变形过大及沥青面层的疲劳开裂破坏。本节探讨剪切破坏的力学控制指标——土基顶面垂直压应变与荷载重复作用次数之间的关系。

5.2.1 两种柔性道面疲劳方程

FAA 迄今使用过三种柔性道面疲劳方程,均来自 NAPTF 或 CE 的足尺试验,图 5-9 为柔性道面的疲劳曲线,首条柔性道面疲劳方程见式(5-1):

$$C = 10000 \times \left[\frac{0.000247 + 0.000245 \times \lg(E_{SG})}{\varepsilon_v} \right]^{0.0658 \times E_{SG}^{0.559}} \tag{5-1}$$

式中:C——允许作用次数;

E_{SG}——土基弹性模量;

ε_v——土基顶面压应变。

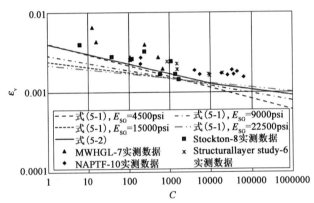

图 5-9 柔性道面的疲劳曲线

式(5-1)中的允许作用次数 C 是土基顶面压应变 ε_v 与土基弹性模量 E_{SG} 的函数,从图 5-9 中可以看出,当作用次数较小时,相同的压应变下土基越弱,允许作用次数反而越大,作用次数较大时则相反。由此得出的道面厚度很难与传统 CBR 法得出的厚度相一致,在 FAARFIELD 1.3 中研究人员不得不改用一种与土基强度无关的疲劳方程,见式(5-2):

$$C = \begin{cases} \left(\dfrac{0.004}{\varepsilon_v} \right)^{8.1}, C \leqslant 12100 \\ \left(\dfrac{0.002428}{\varepsilon_v} \right)^{14.21}, C > 12100 \end{cases} \tag{5-2}$$

式(5-2)中剔除了土基强度,提高了方程对各种土基的适用性。根据 3.2.1 中粒料层弹性模量与土基刚度的联动机制,土基强度减弱会降低道面结构整体刚度,从而提高土基顶面最大压应变,并减小允许作用次数。但从图 5-9 中可以看出,C 与 ε_v 的线性相关度并不高,线性拟合可能会带来一定误差。

5.2.2 FAARFIELD2.0 中的柔性道面疲劳方程

柔性道面疲劳方程并不是直接建立在试验数据的基础上,而是以 CBR 法为基础将允许作用次数与土基顶面压应变挂钩。建立疲劳方程的工作主要分为数据处理、数据拟合与疲劳曲线标定三个步骤。

1.数据处理

数据处理是建立疲劳方程的基础性工作,本质上是将传统经验设计方法的设计结果与力学指标联系起来,所有数据的处理借助 COMFAA 和 FAARFIELD 程序完成。COMFAA 用来计算道面结构厚度,FAARFIELD 中的弹性层状体系模块用来计算土基顶面垂直压应变。COMFAA 是基于传统的 CBR 设计方法,FAARFIELD 算出来的就是依据传统设计方法得出的道面结构力学响应,这样做是为了确保新老程序的设计结果一致。

然而,COMFAA 与 FAARFIELD 中的覆盖率定义并不完全一样,要先将 COMFAA 中的覆盖率转换成 FAARFIELD 中的覆盖率。例如,当土基 CBR = 4 时,双轴双轮作用 100 次,CBR 法得出的道面厚度为 32.6in(82.8cm),减去面层、基层总厚 9in(22.9cm)后剩下的 23.6in(59.8cm)为 P154 垫层厚度。COMFAA 中双轴双轮的覆盖率统一为 1.95,而在 FAARFIELD 中该道面结构上的双轴双轮覆盖率为 0.616。COMFAA 中的 100 次疲劳寿命转化成 FAARFIELD 中的疲劳寿命应为:

$$C_{\mathrm{FF}} = \frac{C \times \left(\dfrac{P}{C}\right)_{\mathrm{COMFAA}}}{\left(\dfrac{P}{C}\right)_{\mathrm{FAARFIELD}}} = \frac{100 \times 1.95}{0.616} = 317(\text{次})$$

即传统的 100 次疲劳寿命相当于 FAARFIELD 中的 317 次。

柔性道面土基剪切破坏疲劳方程的推导流程如图 5-10 所示。

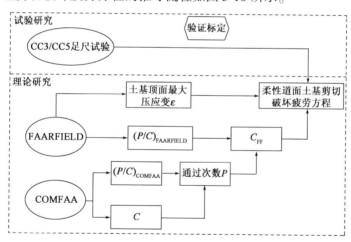

图 5-10 柔性道面疲劳方程推导流程

选取两种荷载:单轮重 55000lbf(249470N)的双轴双轮和单轮重 47500lbf(215450N)的三轴双轮;两种土基强度:CBR 为 4 或 5;两种道面结构层组合 CC3 与 WES 分别为:5in(12.7cm)P401 面层、8in(20.3cm)P209 基层,以及待求厚度的 P154 垫层,或 3in(7.6cm)P401 面层、6in(15.2cm)P209 基层,以及待求厚度的 P154 垫层。将其两两组合共分成 8 组,将每组的允许作用次数与土基最大压应变标到半对数坐标系上,再用平滑曲线连接起这些点,便依据经验法得到如图 5-11 所示的 8 条曲线,以这 8 条曲线为基础可以画出它们的低包络线,因而这条低包络线本身就包含了不同的荷载、道面结构、土基强度等因素。

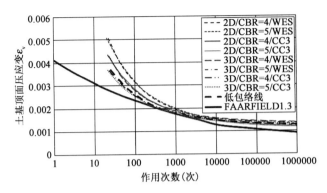

图 5-11　疲劳方程曲线与低包络线

图 5-11 显示,以 1000 次作用次数为界,作用次数大于 1000 次的区间内众曲线较为接近,小于 1000 次则较为分散,FAARFIELD1.3[式(5-2)]的疲劳曲线可视为众曲线的下限,表明 FAARFIELD 1.3 的计算结果是安全的,曲线在接近 1000 次时的精度最高,两侧区间内差距渐大,拟合程度变差。

2. 数据拟合

为了提高曲线拟合的精度,研究人员借助一种非线性回归模型 Bleasdale 曲线对图 5-11 中的低包络线在 $C > 1000$ 的右半段进行了重新拟合,得到如图 5-12 所示的曲线。当 $C > 1000$ 时,得到式(5-3):

$$\lg C = \left(\frac{1}{a + b \cdot \varepsilon_v}\right)^{\frac{1}{c}} \tag{5-3}$$

式中:a——取 -0.1638;

　　　b——取 185.1929;

　　　c——取 1.6505。

当允许作用次数小于 1000 次时,还是沿用式(5-2),只需对系数进行微调,保证其连续。FAARFIELD1.3 曲线与 Bleasdale 曲线相切于 $C = 1000$、$\varepsilon_v = 1.765093 \times 10^{-3}$ 这个点,如图 5-13 所示。当 $C < 1000$ 次时,得到式(5-4):

$$C = \left(\frac{0.00414131}{\varepsilon_v}\right)^{8.1} \tag{5-4}$$

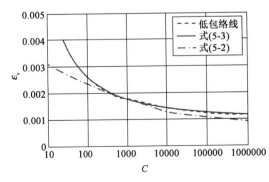

图 5-12　Bleasdale 曲线

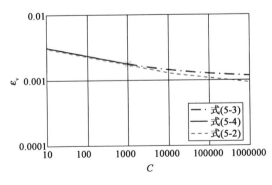

图 5-13　FAARFIELD2.0 中的疲劳曲线

FAARFIELD1.3 曲线可以近似看作是 Bleasdale 曲线在作用次数小于 1000 次范围内的延长线,延长段的允许作用次数与最大压应变呈对数线性关系。

从上述推导过程可以看出,需借助覆盖率公式 $\left(\dfrac{P}{C}\right)_i^{\gamma} / F_{tnd}$ 确定允许作用次数,轴型因子 F_{tnd} 是绕不过去的。

3. 疲劳曲线标定

为评估柔性道面使用性能,对柔性道面疲劳方程进行验证和标定,NAPTF 在 2002 年和 2008—2012 年分别开展了 CC3 与 CC5 柔性道面足尺试验。CC3 试验段道面结构包括 5in (12.7cm) P401 面层、8in(20.3cm) P209 基层,P154 垫层的厚度分别为 16in(40.6cm)、24in (61.0cm)、34in(86.4cm)和 43in(109.2cm);土基 CBR 为 4 或 5。荷载为单轮重 55000lbf (249470N)的双轴双轮和单轮重 47500lbf(215450N)的三轴双轮。CC3 试验温度为 77℉ (25℃)。CC5 试验中 LFC1 的道面结构为:5in(12.7cm) P401 面层、8in(20.3cm) P209 基层、34in(86.4cm) P154 垫层;土基 CBR 约为 5.2。试验荷载模拟 6 轮起落架和 10 轮起落架,试验中荷载分阶段逐步递增,每个阶段的单轮荷载分别为 50000lbf(226790N)、58000lbf (263080N)、65000lbf(294830N)和 70000lbf(317510N)。试验结束时 CC3 除 LFC4 之外,其余 LFC1 ~ LFC3 及 CC5 的 LFC1 试验段均加载至剪切破坏,在轮迹作用区的外侧出现至少 1in (2.5cm)以上的表面隆起。

道面设计的疲劳判别依据是累积的疲劳损伤,而非土基顶面压应变,因此,本轮标定的指标是 CDF。以 CC3 中 LFC1 试验段为例,表 5-3 中 FAARFIELD 计算出来土基发生剪切破坏时的 CDF 为 7.152,远超临界值 1,偏于安全。根据疲劳破坏判别条件,为了将 CDF 调整成 1,要把破坏次数 C_F 乘以一放大倍数,相当于将疲劳曲线整体沿纵坐标往上平移一段距离,得到一条新的标定曲线,如图 5-14a)中的虚线所示。标定曲线在疲劳曲线之上,显示疲劳方程偏于保守,有一定安全裕度。

由于 FAARFIELD 程序中沥青层的弹性模量是在标准状态 90℉(32℃)下的模量,还需考虑在标准状态下的标定,需重新计算土基顶面压应变。不同温度下沥青混凝土的模量按式(5-5)计算:

$$\lg E = 1.53658 - 0.006447T - 0.00007404T^2 \tag{5-5}$$

式中:T——参考温度(℉)。

90℉(32℃)时的沥青面层的标准模量 E 为 227326psi(1567MPa)(接近 FAARFIELD 设定值),此时土基顶面最大压应变为 0.002885,由疲劳曲线得出的允许作用次数为 18.69 次,乘以标定系数 7.152 为 133.55 次,两次标定过程见表 5-3,标定结果如图 5-14a)所示。

采用同样的方法可将 CC3 中 LFC2、LFC3 试验数据和 CC5 的试验数据也作类似处理,标记到坐标系中,如图 5-14b)所示。这些点都位于 FAARFIELD 疲劳曲线的上方,表明 CDF = 1 的失效判别准则是安全可行的,新的疲劳曲线比原曲线有所改进。

CC3 LFC1-North 试验的原始与改良计算结果   表 5-3

轮重(lbf)	温度(℉)	通行次数	覆盖率(P/C)	作用次数	土基顶面最大压应变	C_F	CDF
	77	90	0.44	204.55	0.002737	28.6	7.152
55000	77	90	0.44	204.55	0.002737	204.55	1
	90	58.76	0.44	133.55	0.002885	133.55	1

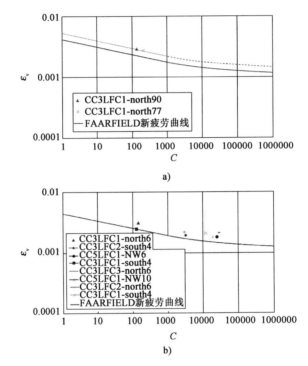

图 5-14 试验数据标定

5.2.3 沥青混合料疲劳方程

FAA 的沥青面层疲劳开裂模型建立在沥青混合料的能量耗散机制上。在室内动态疲劳试验中,由于沥青混合料的黏滞性,试件在每一次加载循环周期内加载、卸载阶段的应力-应变曲线并不重合,而是一条提示有能量耗散的滞回曲线。在反复加载过程中,试件的模量逐渐下降,每次耗散的能量不仅同沥青混合料的组成有关,还与试验的加载条件和温度有关。大量研究表明,相邻两次加载循环的耗散能之比呈现出阶段性的特征,在其中较稳定的阶段称为耗散能变化比稳定值 PV。Shen 对不同来源的各种沥青混合料小梁试件的弯曲疲劳试验结果进行统计后证实,不同混合料和试验条件下的数据可以根据耗散能变化比稳定值 PV 与疲劳破坏加载次数 N_f 的关系整理成唯一的曲线,如图 5-15 所示,表明 PV 指标是一个包含混合料性质和加载条件影响的综合性参数,可以反映出沥青混合料的疲劳性能。Shen 经过大量试验提出了建立在耗散能变化比稳定值 PV 上的沥青混合料的疲劳方程,见式(5-6)、式(5-7):

$$N_f = 0.4801 \, PV^{-0.9007} \tag{5-6}$$

$$PV = 44.422 \varepsilon_{h}^{5.140} S^{2.993} VP^{1.850} GP^{-0.4063} \tag{5-7}$$

式中：ε_{h}——初始应变；

     S——沥青混合料的初始动态模量（MPa）；

     VP——混合料组成体积参数，按式(5-8)计算：

$$VP = \frac{V_a}{V_a + V_b} \tag{5-8}$$

     GP——集料级配参数，按式(5-9)计算：

$$GP = \frac{P_{NMS} - P_{PCS}}{P_{200}} \tag{5-9}$$

V_a、V_b——空气和沥青体积含量（％）；

P_{NMS}——通过公称最大粒径筛孔的含量（％）；

P_{PCS}——通过主控粒径筛孔的含量（％）；

P_{200}——通过 200 号筛孔的含量（％）。

FAARFIELD 中对于 P401 热拌沥青混凝土，S 取 600000psi（4137MPa），V_a 取 3.5％，V_b 取 12.0％，P_{NMS}取 95％，P_{PCS}取 58％，P_{200}取 4.5％。

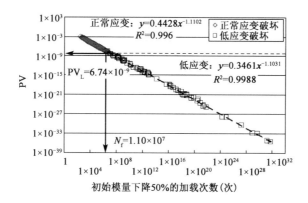

图 5-15　耗散能变化比稳定值同疲劳破坏加载次数关系曲线

5.3　长寿命道面试验

长寿命道面是沥青铺面协会(Asphalt Pavement Alliance)在 2000 年提出的一种设计年限在 50 年以上的柔性道面结构，它通过增厚沥青面层使沥青层底拉应变保持在能承受的疲劳极限之内，沥青面层的疲劳开裂以 top-down 型为主，不会发生深层的疲劳开裂和表面的结构性车辙，在设计年限内仅需视表面病害的发展对面层上部进行功能性的维护或翻新。长寿命道面由于在易维护性和经济性方面的优势，一经提出就受到了 FAA 的重视，在 CC7 系列试验中专门安排了长寿命道面足尺试验。

5.3.1 试验段结构与传感器布设

CC7 试验于 2015 年初正式启动,室内场地的北半幅作为长寿命道面试验段,南半幅作为超载研究试验段。长寿命道面试验包含 LFP1 ~ LFP4 及 LFC5、LFC6 共 6 个试验段,如图 5-16 所示。LFC5、LFC6 本来还安排了沥青处治排水基层(ATDB)研究计划,但由于作为对比的平行试验段 LFC5 中传感器遭破坏,部分数据失效,该项试验未最终完成。

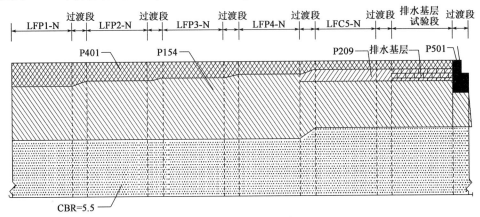

图 5-16 CC7-N 试验段纵断面

沥青面层采用 P401 热拌沥青混凝土,垫层采用 P154 未破碎的颗粒材料,土基 CBR 为 5.5。4 个试验段的沥青面层厚度分别为 15in(38.1cm)、12in(30.5cm)、10in(25.4cm)、8in(20.3cm),道面结构总厚度均为 49in(124.5cm),各段之间有 10ft(3.0m)长的过渡段。

荷载采用单轮重 55000lbf(249470N)的三轴双轮,试验后期部分试验段单轮增至 65000lbf(294830N)。埋设的传感器除了监测温度与湿度的静态传感器之外,还包括 MDD 多点位移传感器、监测土基顶面压应力的 PC 传感器和监测沥青面层底拉应变的 ASG 传感器。图 5-17 为各类传感器的安装平面和剖面。图 5-17b)中一套 MDD 多点位移传感器含有安装在面层、基层和土基中不同深度处的共 6、7 个竖向位移探头,每一结构层的竖向变形等于位于该层层底的探头记录的竖向位移减去位于上一结构层底的探头记录的竖向位移。

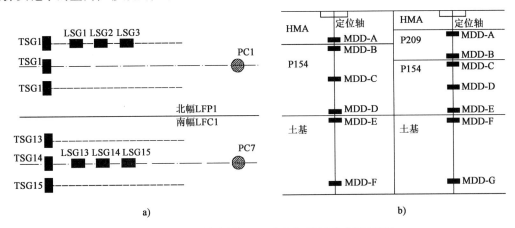

图 5-17 PC、ASG 传感器与 MDD 多点传感器安装位置示意图

5.3.2 力学指标与沥青面层厚度临界值

试验中面层最薄的 LFP4 最先破坏,荷载共通过了 27192 次。其余试验段在加载了 30030
次之后,将单轮重增至 65000lbf(294830N)。LFP3 在 35046 次通行之后出现了严重的疲劳开
裂破坏;面层较厚的 LFP1 和 LFP2 在荷载通过了 37686 次之后也没有发现严重的疲劳开裂,
仅在 LFP2 表面发现一些零星的裂纹。

当沥青面层表面发现纵横交错的龟裂纹即出现了疲劳破坏,衡量疲劳开裂的指标有裂缝
总长度和龟裂面积,试验中每天统计一次,它们随荷载通行次数的变化分别如图 5-18a)、
图 5-18b)所示,沥青面层越厚裂缝的开展速率越慢;图 5-18c)反映的 PCI 指标也表现出相同
的趋势,沥青面层越厚,道面 PCI 下降越慢。图 5-19 表示车辙深度随荷载通行次数的变化情
况。与道面 PCI 类似,LFP1 和 LFP2 的车辙深度也较小,当沥青面层厚度超过 12in(30.5cm)
时,道面结构总的永久变形在荷载增大之前逐渐收敛,车辙得到有效控制。

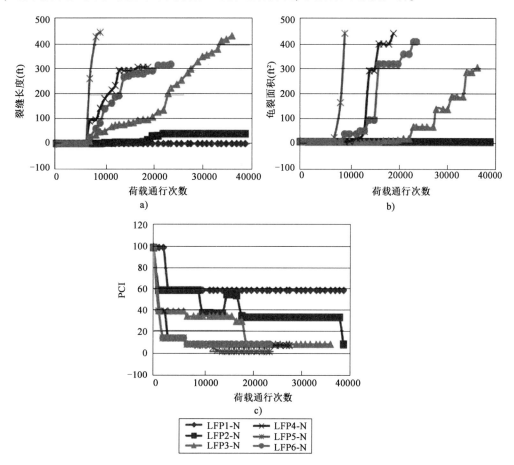

图 5-18 裂缝长度、龟裂面积与 PCI 随荷载通行次数的变化

针对全厚式沥青道面结构面层的车辙和疲劳开裂,试验中重点监测结构层永久变形、土基
顶面压应力和沥青面层底拉应变这三个指标,力争通过试验找到控制柔性道面发生车辙破坏
和疲劳开裂破坏的力学指标临界值,建立长寿命道面的设计标准。

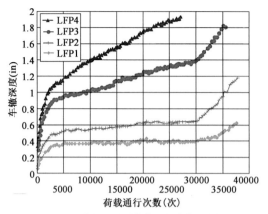

图 5-19　车辙深度随荷载通行次数的变化

1. 结构层永久变形

结构层在荷载作用下的变形包括可恢复的弹性变形和不可恢复的永久变形,永久变形可通过 MDD 多点位移传感器量取,然而,由于各试验段埋设在土基中的传感器在加载后不久即遭损坏,土基的永久变形只能通过量取沥青层表面的车辙深度再减去土基以上部分的永久变形来确定。

图 5-20 是不同试验段的永久变形随荷载通行次数的变化情况,从图上可以看出,P154 的永久变形占总永久变形的绝大部分,沥青层厚度为 12in（30.5cm）情况下,当荷载不变时,粒料层永久变形随荷载作用次数的增加有收敛的迹象,最大永久变形在 0.5in（1.3cm）以内;当面层厚度增至 15in（38.1cm）时,土基的永久变形几乎可以忽略。

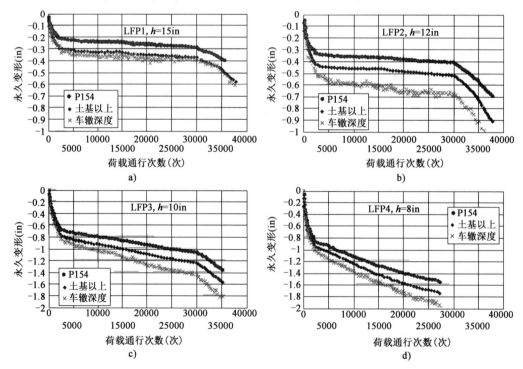

图 5-20　不同面层厚度下结构层永久变形随荷载通行次数的变化

2. 土基顶面压应力

土基顶面压应力随荷载通行次数的变化如图5-21a)所示,图中土基顶面实测压应力有三处明显的不连续,除最后一处不连续由荷载变化引起之外,另外两处的不连续可能由温度突变造成。图中显示土基顶面压应力随沥青面层厚度的增加而减小。土基顶面压应力在$11 \sim 24$psi$(0.08 \sim 0.17$MPa$)$内变化,大致相当于材料无侧限抗压强度38psi$(0.26$MPa$)$的$0.30 \sim 0.62$倍,该区间可作为三轴回弹模量试验中确定围压σ_3和偏应力$(\sigma_1 - \sigma_3)$的参考。土基顶面压应力随温度的变化如图5-21b)所示,由于沥青混合料的温度敏感性,沥青面层越厚,土基顶面压应力与温度之间的正相关关系越明显,沥青面层为8in$(20.3$cm$)$时,土基顶面压应力与温度几乎无关。

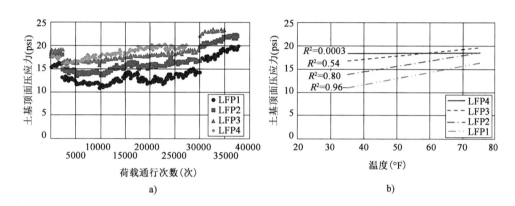

图5-21 土基顶面压应力随荷载通行次数和温度的变化

3. 沥青面层底拉应变

由于实测的横向拉应变大于纵向拉应变,沥青面层的表面裂缝通常以纵向为主。实测拉应变数值随着沥青面层厚度的增大而减小,但在加载过程后期应变出现较大幅度的增长,推测是由室内温度升高引起,沥青面层越厚,受温度影响越大,且横向拉应变对温度的敏感性要超过纵向拉应变。

由于沥青混合料的时温敏感性,与前两个指标相比,沥青面层底拉应变的影响因素更为复杂,ASG传感器测得的应变数据离散性较大,读取时不仅先要做一番筛选处理,还要进行温度修正才能建立起疲劳开裂的临界条件(由于修正的难度较大,试验中不考虑不同沥青层厚度对加载频率产生的影响)。为了便于使整个加载过程中测得的峰值拉应变能够在同一参考温度下进行比较,用式(5-10)将室温下的拉应变转化为参考温度下的拉应变:

$$\varepsilon_T = \varepsilon_0 \cdot a \cdot e^{bT} \tag{5-10}$$

式中:ε_T、ε_0——参考温度和现场温度下的拉应变;

$\quad\quad T$——参考温度;

$\quad\quad a$、b——回归系数,以52℉$(11℃)$为界分段拟合,见表5-4。

从拟合情况来看,沥青面层厚度最薄的LFP4上的TSG11实测值的拟合效果最差,表明疲劳开裂最严重的LFP4实测的应变数据质量最低。

回归系数 表 5-4

系数	a	b	a	b	R^2
温度(℉)	≤52	≤52	>52	>52	
LSG2	0.24	0.04	0.01	0.11	76
LSG5	0.23	0.04	0.32	0.05	54
LSG7	1.27	0.01	0.16	0.05	80
LSG10	1.37	0	0.15	0.05	75
TSG2	0.03	0.05	0.02	0.07	79
TSG5	0.10	0.04	0.01	0.09	97
TSG8	1.66	0	0.23	0.03	73
TSG11	0.22	0.03	0	0.10	23

注:R^2 为修正的相关系数,用于检验非线性拟合程度。

利用试验中的 ASG 传感器(包括纵向的 LSG 和横向的 TSG 应变计两种)记录的沥青面层底拉应变时程曲线,可以推算沥青面层在 52℉(11℃)时的开裂拉应变临界值 ε_u。以 LFP2 为例,ε_u 可采用以下方法确定:由于 LFP2 在 17424 次之后在表面发现纵向裂纹,以 17424 次之前所记录应变的 90% 的分位值 $40\mu\varepsilon$ 作为 LFP2 的 ε_u。采用同样的方法可将 LFP3 的 ε_u 定为 $85\mu\varepsilon$。由于 LFP1 在加载过程中一直都未产生疲劳裂缝,通过外推可以将本轮试验中控制沥青面层底疲劳开裂的 ε_u 定为 $30\mu\varepsilon$,当面层底拉应变低于 $30\mu\varepsilon$ 时,可认为不易形成 bottom-up 型开裂,但 top-down 型开裂的可能性仍然存在。本轮试验中 LFP2 ~ LFP4 试验段的疲劳裂缝在钻芯取样后发现基本都是 bottom-up 型,这也在一定程度上印证了 Brown 的结论:当柔性面层较厚时,裂缝开展方向为从上往下;当柔性面层厚度较薄时,裂缝开展方向为从下往上。

通过对上述 3 个力学指标的分析可知,在总厚度一定的条件下,尽可能加厚沥青混凝土面层可明显提高道面结构的抗车辙与抗疲劳破坏能力。

5.4　柔性道面超载试验

虽然 ICAO 在"附件 14"中规定柔性道面上超载航空器的 ACN 不得超过道面 PCN 的 10%,超载机型的交通量不应超过总交通量的 5%,但这个 10% 的超载运行标准却一直没有得到理论和经验的支持。为了制定超载运行的定量标准,FAA 委托 CSRA 公司从 2014 年 10 月起专门对超载行为进行了足尺试验研究。

5.4.1　试验段结构与荷载

超载试验利用的是 CC7 试验段的南半幅,道面结构厚度经计算确定,设计荷载为单轮 36000lbf(163290N)的单轴双轮(D)荷载。试验段通长都是同一种道面结构:面层为 3in(7.6cm)P401 沥青混凝土,基层为 6in(15.2cm)P209 级配碎石,垫层为 20in(50.8cm)P154 粒料,土基 CBR 为 5。试验段在东西方向上分为 6 段,施加不同的超载,中间由过渡段隔开。正常荷载为设计荷载,满足全轮迹偏移要求。超载分别采用单轴双轮(D)、双轴双轮(2D)和三轴双轮

(3D)三种形式,安排在正常加载的间歇实施,分为 5 个加载阶段,荷载逐级增大,见表 5-5。

超载的轮载与起落架荷载(lbf)　　　　　　表 5-5

编号	起落架构型	第 1 轮超载		第 2 轮超载		第 3、4 轮超载		第 5 轮超载	
		轮载	起落架荷载	轮载	起落架荷载	轮载	起落架荷载	轮载	起落架荷载
LFC1	D	10% PCN		19% PCN		26% PCN		46% PCN	
		39000	78000	42000	84000	44000	88000	50000	100000
LFC2	2D	10% PCN		21% PCN		30% PCN		49% PCN	
		35500	140000	38000	152000	40000	160000	44000	176000
LFC3	3D	11% PCN		20% PCN		30% PCN		48% PCN	
		34500	207000	36500	219000	38500	231000	42000	252000
LFC4	3D	CDF = 0.11		CDF = 0.25		CDF = 0.51		CDF = 1.06	
		37000	222000	41500	249000	45500	273000	50000	300000
LFC5	2D	CDF = 0.10		CDF = 0.25		CDF = 0.51		CDF = 0.98	
		40500	162000	45500	182000	50000	200000	54500	218000
LFC6	D	CDF = 0.09		CDF = 0.25		CDF = 0.49		CDF = 0.98	
		46000	92000	52000	104000	57000	114000	62500	125000

超载试验段根据不同计算方法分为以 PCN 表征的 LFC1 ~ LFC3 试验段和以 CDF 表征的 LFC4 ~ LFC6 试验段,前者的超载根据道面 PCN 计算,后者的超载根据 CDF 计算。两组试验段上超载的通行遍数也不同,前者包括 10 ~ 25 次全轮迹偏移通行,后者仅包括 1 次全轮迹偏移通行(1 次全轮迹偏移通行包括 66 次通行)。

由于道面结构参考了设计荷载,因而道面结构总的 CDF 达到 1。用 PCN 表征的双轮超载的轮重与 PCN 之间呈近似线性关系,而用 CDF 表征的双轮超载的轮重与 CDF 之间没有线性关系。由于多轴起落架轮载之间相互作用,同一级超载的轮载随轴数的增加而减小。

试验中,6 个试验段分别观察到不同的病害:LFC3 和 LFC6 表面先出现了 1in (2.5cm)的隆起,随后还出现了纵向开裂和有限的龟裂纹,表明试验段先出现剪切破坏,然后发生疲劳破坏;LFC1、LFC2、LFC4、LFC5 的沥青面层表面隆起未达 1in (2.5cm),而 LFC2、LFC4、LFC5 在整个通行宽度内出现了较严重的疲劳开裂破坏,LFC1 仅一半的通行宽度内出现了疲劳破坏。

5.4.2　超载对沥青面层的影响

记录沥青面层底拉应变的应变计设置如图 5-17a)所示,LSG 和 TSG 应变计分别记录纵向和横向拉应变。需要指出的是,尽管室内环境比室外稳定,但由于试验持续近两年,温度对沥青层的影响一直存在,因此,应变计测得的应变数据必然包含温度的影响。

应变在超载前后的变化率按式(5-11)确定:

$$\Delta\varepsilon = \frac{\varepsilon_{OLi+} - \varepsilon_{OLi-}}{\varepsilon_{OLi-}} \times 100\% \tag{5-11}$$

式中:$\Delta\varepsilon$——应变在超载前后的变化率;

$\varepsilon_{\text{O}Li+}$——第 i 轮超载结束后正常加载下的拉应变;

$\varepsilon_{\text{O}Li-}$——第 i 轮超载实施前正常加载下的拉应变。

LFC1～LFC3 中大部分横向应变的变化率显示,在第 3 轮超载之后,沥青面层底拉应变首次较本轮超载前出现了增长($\Delta\varepsilon > 0$),若能排除温度因素,则意味着沥青面层的结构完整性可能受到第 3 轮超载影响而受损。

5.4.3 超载对粒料和土基的影响

超载对土基和粒料层的影响主要通过土基顶面压应力和各结构层中的竖向位移来反映,记录土基顶面压应力和结构层中竖向位移的传感器如图 5-17b)所示。

1. 土基顶面压应力

试验中重点通过分析整个加载过程中土基顶面压应力的变化率 $\Delta\sigma$ 来判断道面结构整体性能的变化趋势;通过分析超载引起的压应力变化率 $\Delta\sigma_{\text{OL}}$ 来识别超载中的主要影响因素。$\Delta\sigma$ 与 $\Delta\sigma_{\text{OL}}$ 分别按式(5-12)和式(5-13)计算:

$$\Delta\sigma = \frac{\sigma_i - \sigma_0}{\sigma_0} \times 100\% \qquad (5\text{-}12)$$

$$\Delta\sigma_{\text{OL}} = \frac{\sigma_{\text{O}Li} - \sigma_{\text{O}Li-}}{\sigma_{\text{O}Li-}} \times 100\% \qquad (5\text{-}13)$$

式中:σ_i——正常加载和超载阶段测得的压应力;

σ_0——加载之初测得的压应力;

$\sigma_{\text{O}Li-}$——第 i 轮超载实施前正常加载下的压应力;

$\sigma_{\text{O}Li}$——第 i 轮超载引起的压应力。

图 5-22 表示各阶段的压应力变化率 $\Delta\sigma$,从图上可以看出,LFC1 和 LFC6 正常加载阶段的压应力分别在第 1 轮和第 3 轮超载后出现下降(单轮超载临界值分别为 8% 和 58%),这种压应力下降的现象反映了超载结束后(LFC1 是第 1 轮超载后,LFC6 是第 3 轮超载后)道面材料被压密,道面结构的整体刚度得到提高,这个压密过程其实就是颗粒材料在超载作用下重新发生定向排列的过程。

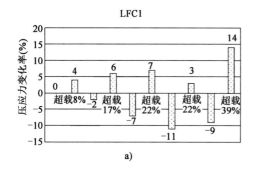
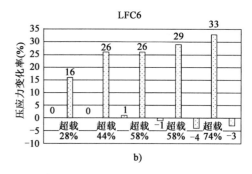

图 5-22　土基顶面压应力变化率

在试验后半段还可以发现,正常加载阶段的应力下降幅度在达到最大后又出现了减小趋势,LFC1和LFC6中应力增幅的拐点分别为第4轮和第5轮超载,这种应力增大表明道面结构的整体性能可能出现退化,也可能有面层开裂的影响。LFC1和LFC6中促使道面材料退化的单轮超载临界值分别为22%和74%。

虽然LFC6各个阶段的超载幅度均大于LFC1,但由于LFC1的超载通行次数比LFC6要多,因而LFC1中的超载临界值小于LFC6中的超载临界值。综上所述,超载临界值不仅与超载的大小有关,还与加载次数、加载顺序和加载历史有关。

图5-23表示超载阶段的应力变化率 $\Delta\sigma_{OL}$(其中部分数据缺失),图中显示,超载应力的变化率随单轮重的增加呈同步增长的趋势。

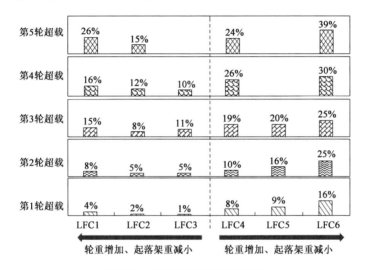

图5-23 超载引起的压应力变化率

为识别决定超载压应力变化率的主导因素,分别绘制了超载应力变化率与单轮重和主起落架重变化率的关系曲线,如图5-24所示,图中显示,超载应力变化率与单轮重呈近似线性关系,即土基中压应力的增长主要受单轮荷载控制。

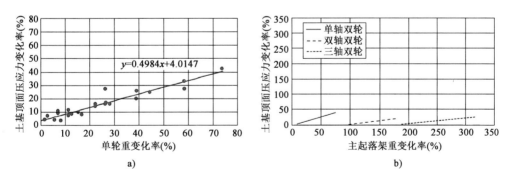

图5-24 超载引起的土基顶面应力变化率与单轮重、主起落架重变化率的关系曲线

2. 结构层竖向永久变形

由于LFC1中记录竖向位移的传感器数据出现异常,只有剩余的5个试验段的永久变形

数据有效。图 5-25 表示试验段 P154 垫层中竖向永久变形随荷载通行次数的变化情况。从图 5-25a)中可以看出,粒料的永久变形与土基顶面压应力类似,也主要取决于单轮重,单轮越重,粒料竖向变形越大;但在图 5-25b)中永久变形最大的却是 LFC5,表明施工和材料变异的影响可能也不容忽视。

从图中还可以发现,虽然 CDF 超载试验段的单轮重超过 PCN 超载试验段中相应的单轮重,但由于 PCN 超载试验段的超载通行次数远超 CDF 超载试验段,因此,图 5-25a)中 PCN 超载试验段 P154 垫层的粒料在正常加载阶段与在超载阶段积累的永久变形大致相同,而图 5-25b)中 CDF 超载试验段粒料的永久变形主要在正常加载阶段产生。

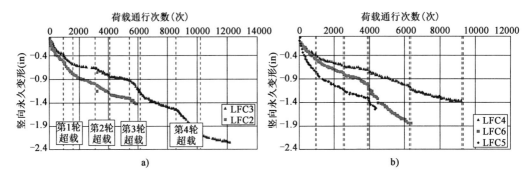

图 5-25　P154 垫层的竖向永久变形

注:虚线之间实施的是超载。

图 5-26 表示某次超载通行后记录下来的道面结构层的永久变形,图中显示,P154 垫层的永久变形在总永久变形中的比重随着单轮重的增加而增长,单轮越重,较深的垫层的永久变形占比越高,起落架越重,垫层以上结构层的永久变形占比越高。

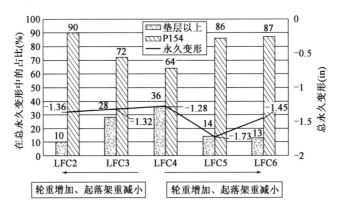

图 5-26　P154 垫层与上部结构层永久变形

P154 垫层在各加载阶段永久变形的增长速率 R_i 按式(5-14)计算:

$$R_i = \frac{\Delta D_i}{\Delta P_i} \tag{5-14}$$

式中:ΔD_i——i 阶段垫层永久变形的增量;

ΔP_i——i 阶段荷载的全通行次数。

图 5-27 显示，两组试验段在正常加载阶段 P154 垫层的永久变形速率和车辙发展速率在整个过程中呈现出先减小后增大的趋势，与土基顶面压应力的变化趋势非常相似。永久变形速率减小反映了颗粒材料被压密，道面结构整体刚度得到提高，但两组试验段的永久变形速率在第 3 轮超载结束后均出现反弹，表明道面材料可能受第 3 轮超载影响，开始出现退化。

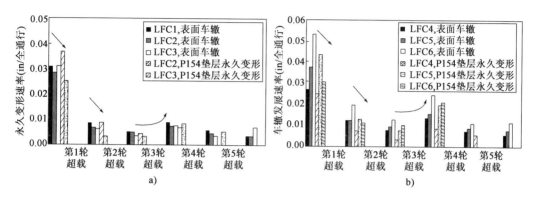

图 5-27　永久变形速率与车辙发展速率

P154 垫层的永久变形在道面结构总永久变形中的占比如图 5-28 所示。与永久变形速率一样，占整个道面结构层永久变形大部分的 P154 垫层的占比在 LFC4、LFC6 试验段中都表现出先减小再缓慢增长的趋势，同时 P154 垫层和土基以上结构层的永久变形速率（即数据点的斜率）都在第 3 轮超载后有所增大，反映出垫层在经过初期压密后达到的平衡又被第 3 轮超载打破，结构性能可能因此出现某种程度的退化。

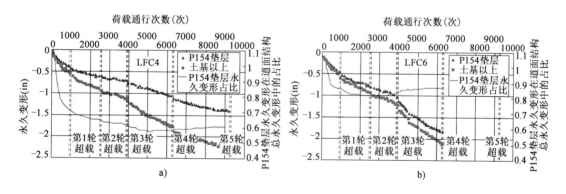

图 5-28　P154 垫层永久变形在道面结构总永久变形中的占比

与长寿命道面试验中的 MDD 多点位移传感器一样，超载试验中埋设在土基中的位移传感器也出现了读数异常，土基中的竖向位移不能直接获得，只能通过测量表面车辙再减去土基以上道面结构层的总变形，间接得到土基的竖向变形。图 5-29 反映的是 LFC3 中的表面车辙、P154 垫层的永久变形，以及土基以上道面结构层的总永久变形的变化情况。从图中可以看出，表面车辙和土基以上道面结构的总永久变形在第 3 轮超载之前一直都较吻合，从第 3 轮超载开始出现偏离。正常加载阶段两者几乎平行，偏离出现在超载阶段且逐渐积累，偏离的程度反映了超载在土基中引起的永久变形大小。

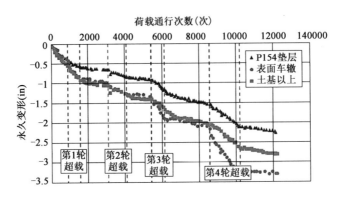

图 5-29　LFC3 中 P154 垫层、表面车辙、土基以上道面结构层的永久变形

如图 5-30 所示,车辙深度增长率与单轮重呈近似指数关系,而与起落架重无明显相关性。

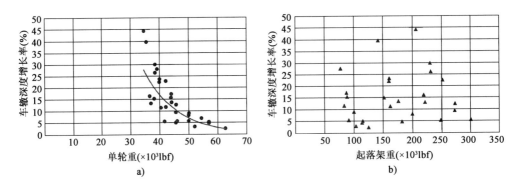

图 5-30　车辙深度增长率与单轮重和起落架重的关系

从表 5-5 中选出单轮荷载相同或接近的四组工况:LFC1 第 1 轮超载/LFC3 第 4 轮超载、LFC1 第 2 轮超载/LFC4 第 2 轮超载、LFC1 第 3 轮超载/LFC2 第 5 轮超载、LFC1 第 5 轮超载/LFC5 第 3 轮超载,将这四组工况下的土基顶面压应力相对于前一正常加载阶段的增长率以 (x,y) 坐标的形式标记到图 5-31a)上。同样将单轮荷载相同或接近的另外四组工况:LFC2 第 3 轮超载/LFC1 第 1 轮超载、LFC2 第 5 轮超载/LFC1 第 3 轮超载、LFC3 第 5 轮超载/LFC1 第 2 轮超载、LFC3 第 3 轮超载/LFC1 第 1 轮超载下的车辙深度相对于前一正常加载阶段的增长率标记到图 5-31b)上。可以看出图 5-31a)、图 5-31b)中的 4 个点基本都沿直线 $y=x$ 两侧分布,受到起落架构型和加载历史的影响而轻微地偏离直线 $y=x$,再次证明土基顶面压应力和结构的永久变形主要由起落架的单轮荷载决定。

综上所述,从应力和变形指标来看,第 3 轮超载是本次试验的临界超载,对于标准的非稳定基层柔性道面,只要超载量不超过 26%(LFC1 ~ LFC3)或 68%(LFC4、LFC6),垫层和土基就不会发生过量变形,道面材料也不易退化。决定超载效果的除了超载起落架的 ACN,还有起落架的单轮荷载、超载通行次数及加载历史等因素,超载的效果很难通过单一的 ACN 来反映。

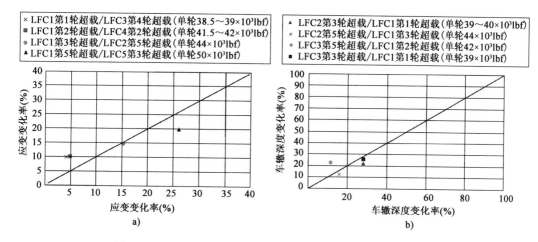

图 5-31　相同或相近单轮重引起的土基顶面压应力与车辙深度的增量

第6章
刚性道面足尺试验

在 NAPTF 迄今完成的 9 轮足尺试验中,涉及刚性道面(不包括加铺层)的有 CC1、CC2、CC6 和 CC8 系列试验,这些试验对建立刚性道面的使用性能预估模型,了解刚性道面的疲劳破坏进程与完善道面设计方法起到了至关重要的作用。

6.1 板角翘曲与 top-down 型开裂

板角翘曲引发的板角开裂是最常见的刚性道面病害,这种板角开裂几乎都属于 top-down 型开裂,而非常规的板底受拉引起的 bottom-up 开裂,目前设计中还很少加以考虑,故须加倍重视。早期的板角开裂问题在 NAPTF 的首轮足尺试验中就已充分暴露,对试验形成较大干扰,能否妥当处理关系到试验能否达到预期目的。

6.1.1 CC1 试验

CC1 系列试验始于 1999 年 5 月,包括 3 个刚性道面试验段和 6 个柔性道面试验段,其中柔性道面试验在 5.1 中已作介绍,本节介绍刚性道面试验的有关情况。

1. 试验段结构与荷载

试验段平面布置如图 5-1 所示,表 6-1 表示刚性道面试验段低、中、高强度土基上的三种道面结构,基层和垫层均采用 P306 贫混凝土和 P154 未破碎的颗粒材料。

CC1 水泥混凝土试验段结构　　　　　　　　　　　　　表 6-1

结构层	LRS	MRS	HRS
P501 面层(in)	11	10	9
P306 基层(in)	6	6	6
P154 垫层(in)	8	8	6
土基 CBR	3.5	7.5	20

试验荷载分别采用由标准模块组成的三轴双轮和双轴双轮,单轮荷载为 45000lbf(204110N),胎压 188psi(1.30MPa)。三轴双轮作用于中心线以北的北半幅,双轴双轮作用于中心线以南的南半幅,加载车的移动速率为 8km/h。

2. 道面病害与成因

从图 6-1 所示的三种试验段上的病害情况可以看出,高强度土基上的板角开裂最严重而低强度土基上的板角开裂程度最轻。低强度土基试验段 LRS 在荷载仅作用了 28 次之后就出现了 4 条纵向裂纹,继续加载后才出现板角开裂,板角开裂最晚也最轻;高强度土基试验段 HRS 的板角开裂最早也最严重。无论板角处实测的位移传感器还是 HWD 弯沉实测的结果也都反映出板角翘曲从重到轻依次为 HRS、MRS、LRS。

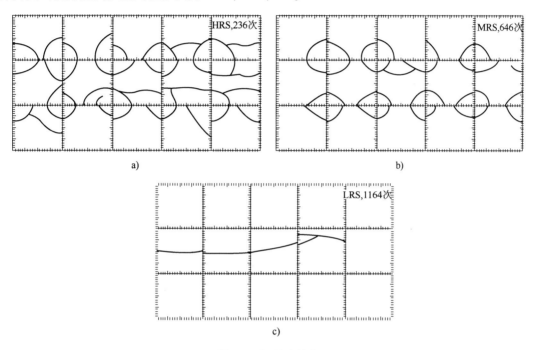

图 6-1　道面病害情况

出现严重的板角翘曲固然与水泥混凝土道面板厚度较薄,以及基层与道面板之间没有设置有效的、可以减缓道面板翘曲的夹层有关,但如此严重的板角开裂还是研究人员始料未及的。通常认为室内环境下的翘曲程度会比直接暴露在大气环境中的室外轻得多,但研究人员忽略了温度翘曲之外的另一种情况——干缩翘曲,尤其是在土基强度较高且道面板较薄时,这种由干缩失水引起的翘曲程度可能相当严重。

6.1.2　翘曲的进一步验证

1.板角翘曲规律

CC1 试验结束后,研究人员就在 HRS 试验段上专门新建了一块厚 12in(30.5cm)的道面板以观察板角翘曲规律,道面板加铺在 9.8in(24.9cm)厚的旧道面板上,与旧道面板之间用隔离层隔开,水泥混凝土配合比中掺入了 50% 的粉煤灰。道面板施工后采用麻布覆盖、洒水、薄膜覆盖等手段养护了 28d,然后放空气中干燥了 113d,接着再洒水保湿了 59d。通过实测的板块边缘的竖向位移发现,伴随着板角翘曲,在道面板与基层板之间出现了脱空,在前 28d 的养护阶段里,板角的竖向位移只有 5mil (0.13mm),但在 113d 的干燥期里板角竖向位移逐渐增大到 200mil (5.1mm),经过洒水保湿后,板角竖向位移大幅度减小,最终稳定在 75mil (1.9mm)。试验证明,室内环境下板角翘曲主要由混凝土失去水分后的干缩引起,若要使板角翘曲保持在较低水平[低于 20mil(0.51mm)],就要使混凝土始终保持潮湿状态。

2. 环境对翘曲的影响

为了对比室内外环境对板角翘曲的影响,NAPTF 分别在室内、室外新建了一块大小相同的道面板并对其开展了长期监测,道面结构与之前的室内道面板一致,但室外的道面板混凝土中没有掺加粉煤灰,混凝土保湿养护了 68d。

室内道面板的板角垂直位移从建成后的第一个高温季节开始就有较大幅度的增长,最终稳定在 120～200mil(3.0～5.1mm)之间,与掺了粉煤灰的室内道面板比较接近,可见粉煤灰对道面板翘曲没有太大的影响。图 6-2 分别表示室内外的两块道面板在第二年的板角位移情况,可以看出图 6-2b)中室外道面板的板角垂直位移没有出现像图 6-2a)中室内道面板那样的大幅度增长,并最终稳定在 0～40mil(0～1.0mm)。由于室内道面板失去水分后得不到补给,板角的翘曲变形无法恢复,翘曲主要由干缩所致,而室外由于频繁降雨,干缩问题并不严重,室外道面板的翘曲程度不及室内道面板。因此,室外环境中可不考虑湿度这一因素。

导致翘曲的另一个因素温度却在室外道面板上有突出的表现。与室内环境相比,室外道面板板角位移的日变化幅度更剧烈,在日温差较大的春秋两季表现得尤其明显,图中记录翘曲的最大日变化量约 120mil(3.0mm),而室内只有 40mil(1.0mm)。由此可见,室内外环境中翘曲的主导因素分别是湿度与温度。

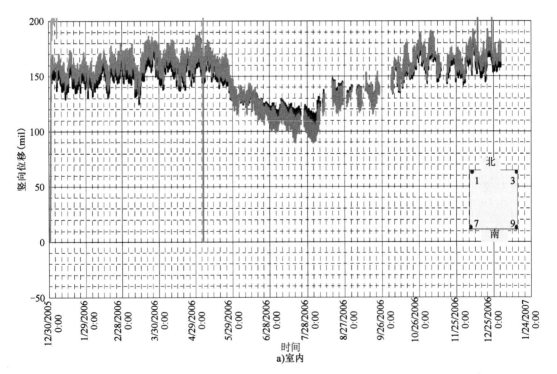

图 6-2

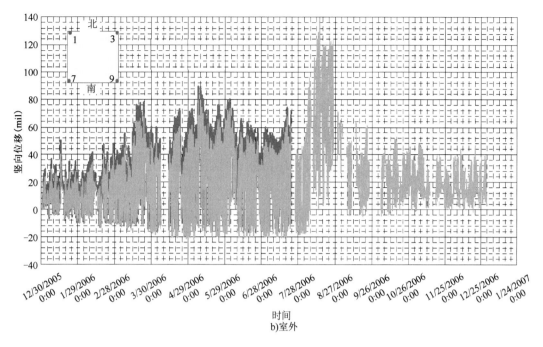

图 6-2　室内、外道面板翘曲记录

一个值得注意的现象是,在室外板块上发现了与室内翘曲相反的板中隆起变形,而室内却没有发现,显然这种隆起是由温度梯度引起的,这种板中心的向上位移大都发生在白天,并在午后达到峰值,夜间基本能够恢复。

6.1.3　水泥混凝土板表面拉应力与 top-down 型开裂

1. 翘曲导致的表面拉应力

为模拟板角翘曲诱发的表面拉应力导致 top-down 型开裂,在荷载作用之前须事先给出板块的初始变形。板块初始形状有圆曲线与悬链线两种,如图 6-3 所示。

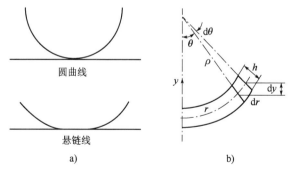

图 6-3　圆曲线与悬链线

对于图 6-3b)曲线上的任一点,见式(6-1):

$$h\mathrm{d}\theta = \alpha\Delta T(r)\mathrm{d}r \tag{6-1}$$

式中:h——板厚;

α——温缩系数；

$\Delta T(r)$——板块上下表面之间温差。

当温差在平面中均匀分布，翘曲变形接近于圆曲线，每点的曲率为常数，见式(6-2)：

$$k = \frac{\mathrm{d}\theta}{\mathrm{d}r} = \frac{\alpha \Delta T(r)}{h} = \frac{\alpha \Delta T}{h} \tag{6-2}$$

悬链线方程见式(6-3)：

$$y = a\left[\cosh\left(\frac{r}{a}\right) - 1\right] = a\left(\frac{e^{\frac{r}{a}} + e^{-\frac{r}{a}}}{2} - 1\right) \tag{6-3}$$

式中：a——反映悬链线开口大小的参数。

对于悬链线，将式(6-1)与式(6-4)联立可得式(6-5)：

$$\frac{\mathrm{d}y}{\mathrm{d}r} = \theta \tag{6-4}$$

$$\frac{\mathrm{d}^2 y}{\mathrm{d}r^2} = \frac{\mathrm{d}\theta}{\mathrm{d}r} = \frac{\alpha \Delta T(r)}{h} \tag{6-5}$$

将式(6-3)代入可得式(6-6)：

$$\Delta T(r) = \frac{h}{\alpha a}\cosh\left(\frac{r}{a}\right) \tag{6-6}$$

为了便于下一步试验验证，将式(6-6)写为式(6-7)：

$$\Delta T(r) = c\Delta T_c \cosh\left(\frac{r}{r_{\max}}\right) \tag{6-7}$$

式中：r——板块任一点到中心点的距离；

$r_{\max}$——板角最远点到中心点的距离；

c——与干缩程度有关的系数（类似温度收缩系数），干缩程度越大该值越大；

ΔT_c——将干缩考虑在内的等效温差。

研究人员随即对这两种曲线开展了数值模拟和试验验证。验证板块是上一节中提到的室内翘曲验证试验中的道面板。验证分为两步：首先验证板角的翘曲竖向位移。有限元数值模拟表明圆曲线与悬链线的最大竖向位移均可达到实测的 200mil（5.1mm），圆曲线所需的等效温度梯度为 -5.7℉（-3.2℃）/in，悬链线为 -2.3℉（-1.3℃）/in，悬链线的等效温度梯度更接近实际。接下来在板块的板角位置进行分级加载，每级 2500lbf（11340N），最大静荷载为 30000lbf（136080N），结果发现悬链线的板角竖向位移更接近实测值。验证结果表明悬链线比圆曲线更适合作为室内环境中考虑干缩的板块的初始变形条件。室内翘曲板块的表面拉应力分布如图 6-4 所示，表面最大拉应力高达 450psi（3.10MPa）。

FEAFAA 是 FAA 推出的一款与 FAARFIELD 不同的面向刚性道面的有限元力学计算程序，其模型包含 9 块道面板及接缝，最多可包括 6 层结构，接缝采用弹簧模型，最重要的是模型中加入了模拟温湿翘曲的初始变形，程序引入惩罚刚度比例因子以模拟翘曲后的层间穿透。目前仍须对各种环境之下模型中的干缩系数等参数一一验证标定，待将来条件成熟时纳入设计模型。

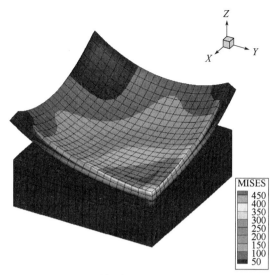

图6-4　室内翘曲板块的表面拉应力分布

2. 几种特殊荷位下的表面拉应力

引起 top-down 型开裂的因素除了前面提到的翘曲因素之外,还有几种特定的起落架易在道面板表面引起较大拉应力,当表面拉应力大于底面拉应力且超过水泥混凝土的抗弯拉强度时,就会先从表面发生开裂。由于设计采用的是单块板的受弯模型(详见3.2.2),这种单块板模型除无法考虑接缝传荷机制之外,主起落架也只能考虑一个,因而得出的板底拉应力一般总大于板顶拉应力,与实际情况有一定出入。研究表明比起多块板的多起落架模型,单块板的单起落架模型计算出来的板底拉应力偏大而板顶拉应力偏小;接缝传荷效率越低板顶拉应力越大。

Francisco Evangelista 等用有限元程序计算了在 A380、B747 与 B777 作用下道面板中出现的板顶和板底拉应力之比 t/b,如表6-2 所示。计算时考虑了板长、相对刚度半径、接缝传荷效率和起落架个数这四个因素,有限元模型包括四块道面板。从结果来看除 B777 之外起落架个数对板顶和板底拉应力比会有较大影响,想要精确计算板顶和板底拉应力比就要考虑全部起落架,仅分析其中一个起落架混凝土板就不易产生 top-down 型开裂,除非上部混凝土的强度只有下部强度的50%~60%。

不同机型的 t/b　　　　　　　　　　　　　　　　表6-2

板长(in)	相对刚度半径(in)	LTE_σ(%)	起落架个数	A380	B747	B777
300	57	85	单个	0.49	0.48	0.50
300	57	0	单个	0.68	0.61	0.66
300	89	85	单个	0.45	0.41	0.45
300	89	0	单个	0.62	0.62	0.66
240	57	85	单个	0.47	0.49	0.49
240	57	0	单个	0.66	0.59	0.64

板长(in)	相对刚度半径(in)	LTE$_\sigma$(%)	起落架个数	A380	B747	B777
240	89	85	单个	0.47	0.42	0.46
240	89	0	单个	0.65	0.61	0.62
300	57	85	全部	0.66	0.56	0.50
300	57	0	全部	**0.95**	0.71	0.63
300	89	85	全部	0.67	*0.51*	0.48
300	89	0	全部	**1.04**	*0.65*	0.60
240	57	85	全部	0.67	0.58	0.49
240	57	0	全部	0.98	**0.82**	0.66
240	89	85	全部	0.71	*0.55*	0.49
240	89	0	全部	**1.00**	0.78	0.63

注：t/b 大于 0.8 的用粗体标出,斜体表示最大拉应力的方向为纵向。

以 A380 为例,它在板块中引起的板顶拉应力如图 6-5 所示:当全部 4 个主起落架的重心位于云线上时横缝处产生的板顶拉应力占最大板顶拉应力的比值就是云线上所示的数值;图中产生最大板顶拉应力比(比率在 0.95～1)的起落架重心位置用×表示。当接缝无传荷能力时[图 6-5a)],产生最大板顶拉应力时两个机腹起落架在横缝一侧不跨横缝,两个机翼起落架对受力板块没有任何影响,此时最大板顶拉应力位于横缝(圆圈所示),由于 t/b 大于 1 横缝处最易先在表面发生纵向开裂。而考虑接缝传荷机制时[图 6-5b)],诱发最大板顶拉应力时两个机腹起落架跨越了横缝,最大拉应力也位于横缝位置,不过此时的 t/b 才 0.67,通过控制板底拉应力就可以控制板顶拉应力,这种工况下不易先发生纵向开裂。由此可见除起落架个数之外,接缝的传荷能力也是影响裂缝开展方向的重要因素。

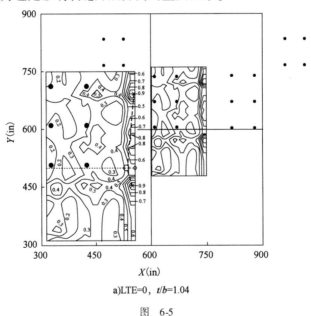

a)LTE=0, t/b=1.04

图 6-5

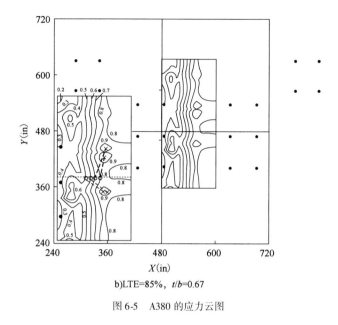

b)LTE=85%，t/b=0.67

图 6-5　A380 的应力云图

6.2　刚性道面的疲劳方程

水泥混凝土出现疲劳损坏时所经受的应力重复作用次数称为水泥混凝土的疲劳寿命,它随着反复应力的增大而减小。疲劳方程是研究反复应力与疲劳寿命之间关系和进行疲劳寿命预估的重要手段,FAA-CE 体系中的疲劳方程来自足尺试验,与常规的室内小梁疲劳试验的疲劳方程在形式和原理上有较大的差异,如图 6-6 所示。

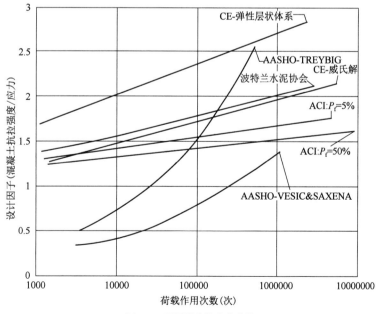

图 6-6　不同形式的疲劳曲线

6.2.1 CC2 试验

疲劳破坏试验包括 NAPTF 在 2002 年 3—4 月间完成的 Test Strip 试验和 2004 年 4—12 月间完成的第二轮足尺试验,目的是了解混凝土道面板结构状况指数 SCI 的衰减规律,补充双轴双轮和三轴双轮荷载试验数据,修正水泥混凝土道面结构疲劳方程,进一步完善新建刚性道面和加铺层的设计方法。

1. 试验段结构与荷载

CC2 试验共布置了 MRC、MRG、MRS 三个试验段,如图 6-7 所示。试验段道面结构如表 6-3所示,面层水泥混凝土中掺有粉煤灰。本次吸取了第一轮试验中的教训采取了严格的养护措施,考虑到冬季施工还苫盖了保温材料。养护期结束后,在加载阶段也坚持洒水保湿,根据监测的板角竖向位移及时补水保湿。实践证明这些举措达到了一定的效果,整个加载期间板角竖向位移一直保持在 $30 \sim 50\text{mil}(0.8 \sim 1.3\text{mm})$。

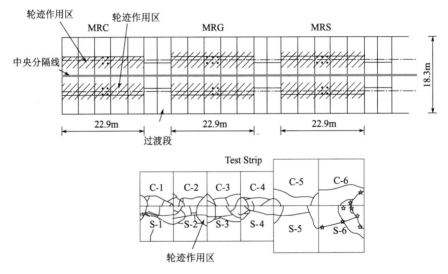

图 6-7　试验段平面布置

Test Strip 试验(表 6-3)早在 2002 年已完成,本不属于 CC2 系列。Test Strip 试验段的混凝土中没有掺粉煤灰,土基为低强度,荷载为轮距略小于标准轮距的双轴双轮。Test Strip 宽仅两幅,其中 4 块板由于尺寸过大发生翘曲变形而作废,与 MRC、MRG、MRS 横缝、纵缝均设传力杆不同,Test Strip 仅在纵缝加了传力杆。

试验段道面结构　　　　　　　　　　　　　表 6-3

试验段类别	MRC	MRG	MRS	Test Strip
P501 面层(in)		12		11
P306 基层(in)	—	—	6	6.1
P154 垫层(in)	10	—	8.6	8.4
土基 CBR		7~8		4~5

MRC、MRG、MRS 试验段包括南北各 10 块道面板,土基为中等强度。MRC 采用传统的粒料基层,MRG 将道面板直接搁置在土基上,MRS 基层采用一层稳定基层和一层粒料基层。MRG、MRS 北侧半幅施加三轴双轮荷载,南侧半幅施加双轴双轮荷载;轮迹沿滑行中线呈正态概率分布(图中阴影表示荷载通行宽度),MRC 全部施加双轴双轮荷载且只有部分偏移轮迹,而 MRG、MRS 的通行范围包括全轮迹偏移的 66 条轮迹,当起落架沿中心线滑行时,外侧主轮边缘正好与纵缝位置重合,这个位置正好是纵向的板边荷位。

2. SCI 数据采集

试验中尽管发现剥落病害严重,但推测是由施工原因引起的,与荷载关系不大,故统计SCI 时将其排除在外。为使试验中采集的道面 SCI 尽可能反映结构状况,本轮试验中重点统计板角断裂、纵向横向和斜向裂纹、碎板等病害。列入统计的病害要尽可能由荷载引起,因而top-down 型裂缝要特别注意,一方面要在试验中采取必要措施将翘曲诱发的 top-down 型开裂降至最低,另一方面也要区别对待不同成因的 top-down 型裂纹,并非所有的 top-down 型裂纹都是由板角翘曲引起,由荷载诱发的 top-down 型裂纹就要列入统计。试验结束后在 MRC、MRG、MRS 试验段的内外幅钻芯取样中均发现了 top-down 型裂纹,理论上讲外幅的这种 top-down 型开裂与荷载在外幅的横缝处诱发的板顶拉应力有关。从图 6-8 中起落架的应力云图可以看出,尽管表 6-2 中 B777 的 t/b 小于 1,但三轴起落架诱发的板顶最大拉应力位于相邻的无荷载板块上(图中横缝上的圆圈所示),这个位置与试验中在外幅道面上发现的 top-down 型裂缝的位置基本一致。然而根据轮迹分布,内幅要经受整个起落架荷载的作用而外幅顶多仅承受起落架一侧轮载作用,外幅的作用次数较内幅要少得多,因此由于外幅板块开裂过早,为减少干扰建模时只取内幅板块进行分析。

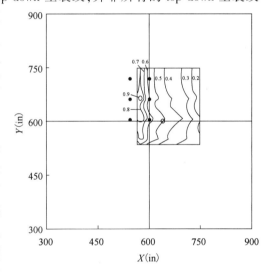

图 6-8 B777 起落架的应力云图
注:LTE = 85% ,t/b = 0.5。

3. 试验结果

试验首先验证了 1.3.1 中 Rollings 提出的道面 SCI 与荷载重复作用次数的关系。本次一共取得了 MRC、MRG、MRS 试验段的北侧内幅和南侧内幅(各 5 块道面板)外加 Test Strip(4 块道面板)的共 7 条曲线,如图 6-9 所示,回归出的直线方程如表 6-4 所示,可以看出道面 SCI 与作用次数的对数之间确实呈良好的线性关系。除 MRS-South 这条线之外,其余曲线均能如实反映出基础强弱的影响:设有半刚性稳定基层的试验段曲线的斜率最小,道面板退化速率最慢;不设基层直接搁置在土基上的试验段曲线最陡,道面板退化速率最快。

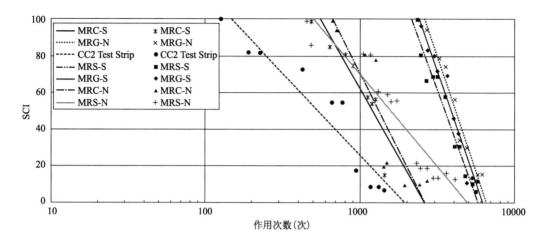

图 6-9 道面 SCI 与作用次数的关系

曲线的回归方程与 C_0、C_F 表 6-4

试验段	回归系数		R^2	C_0	C_F	$\left(\dfrac{P}{C}\right)$
	A	B				
MRC-N	− 167.43	572.15	0.821	661	2613	3.80
MRC-S	− 148.36	506.04	0.827	546	2576	4.71
MRG-N	− 247.03	941.57	0.964	2551	6480	4.71
MRG-S	− 246.96	935.12	0.965	2408	6117	4.71
MRS-N	− 101.71	374.94	0.896	505	4855	4.71
MRS-S	*− 231.66*	*871.57*	*0.961*	*2141*	*5784*	*4.71*
Test Strip	− 90.33	296.37	0.904	149	1910	4.13

注：$SCI = A \lg C + B$，斜体表示源数据有问题。

由试验可知基础的质量直接影响道面板的退化速率，从而影响计算的道面板厚度。CE 之前的试验数据只能反映无基层或粒料基层的情况，本轮试验补充了稳定基层的实测数据。从表 6-4 来看稳定基层的曲线斜率 A 大约是传统粒料基层的 0.6 倍，无基层的曲线斜率大约是传统粒料基层的 1.6 倍。

6.2.2 刚性道面疲劳方程

根据第一章的论述，经验设计方法采用类似于容许应力的方式来考虑材料的疲劳效应，它以 5000 次作用次数所对应的安全系数 1.3 为基准，随着作用次数的增加亦须提高安全系数。力学经验法则要求采用疲劳方程计算道面结构的疲劳寿命。FAA 水泥混凝土道面疲劳方程借鉴的是 Rollings 在 20 世纪 80 年代的研究成果，包括道面 SCI 模型和疲劳曲线。

1. FAA 水泥混凝土道面疲劳方程

（1）疲劳方程形式的推导。

根据 Rollings 的 DF 疲劳曲线，设计因子 DF 与 SCI＝0 时的允许作用次数 C_F 以及 SCI＝

100 时的允许作用次数 C_0 有如式(6-8)所示的关系:

$$\begin{cases} DF = b \times \lg C_F + a \\ DF = d \times \lg C_0 + c \end{cases} \tag{6-8}$$

式中:a、c——DF-C_F 曲线和 DF-C_0 曲线在纵坐标上的截距;

b、d——DF-C_F 曲线和 DF-C_0 曲线的斜率。

当 SCI 在 0 ~ 100 之间,SCI 曲线的方程见式(6-9):

$$SCI = 100 \left(1 - F_S' \frac{\lg C - \lg C_0}{\lg C_F - \lg C_0} \right) \tag{6-9}$$

式中:F_S'——基础补偿系数,由于原 Rollings 的试验段直接搁置在土基上,无法反映不同类型基层的影响,因此 FAA 在曲线斜率前增加了 F_S' 以体现 CC2 试验中基层的作用。当道面板内部出现损伤后(以第一条表面裂缝为标志),质量高的基层有利于提高道面板的疲劳寿命。

若 SCI = 100 × α(0≤α≤1)可得式(6-10):

$$\frac{DF}{F_c} = \frac{F_S' bd}{(1-\alpha)(d-b) + F_S' b} \lg C_{100\alpha} + \frac{(1-\alpha)(ad-bc) + F_S' bc}{(1-\alpha)(d-b) + F_S' b} \tag{6-10}$$

式中:F_c——应力标定系数。

当 $F_S' = 1$ 时,可得式(6-11):

$$\frac{DF}{F_c} = \frac{bd}{\alpha b + (1-\alpha)d} \lg C_{100\alpha} + \frac{(1-\alpha)ad + \alpha bc}{(1-\alpha)d + \alpha b} \tag{6-11}$$

当 $\alpha = 0.8$,SCI = 80 可得含系数的刚性道面疲劳方程,见式(6-12):

$$\frac{DF}{F_c} = \frac{bd}{0.8b + 0.2d} \lg C_{80} + \frac{0.2ad + 0.8bc}{0.2d + 0.8b} \tag{6-12}$$

(2)疲劳方程系数的确定。

为确定式(6-12)中的 4 个常数,研究人员除了参考 Rollings 所用过的 30 个 CE 数据点之外,还包括了 CC2 试验新增的 7 个数据点,采用三维有限元方法重新计算了这 37 个数据点的板底最大拉应力,拟合过程如图 6-10 所示,重新拟合后的系数较 Rollings 疲劳方程有一定调整:$a = 0.5878$、$b = 0.2523$、$c = 0.7409$、$d = 0.2465$。

式(6-8)与 6D 中设计因子 DF 的表达式相比,形式上出现了较大变化,6D 中的设计因子见式(6-13):

$$DF = 1.3 \times \left(1 + d \times \lg \frac{C}{5000} \right)^n \tag{6-13}$$

式中,当 $C \geq 5000$ 时,$d = 0.15603$;当 $C < 5000$ 时,$d = 0.07058$;n 在 1.2 ~ 1.7 变化。

值得注意的是式(6-13)虽与疲劳方程的形式有些类似,却并不是疲劳方程,其实质是一种应力安全系数的表达式。其设计因子中的应力是用 Westergaard 公式求解的,设计因子与作用次数的对数之间的关系是非线性的,如图 6-11 所示。CC2 试验的 7 个数据点大部分都位于 6D 曲线的上方,FAARFIELD1.3 的疲劳曲线比 6D 曲线往上抬了一点,使大部分数据点都落到新曲线的下方,实际上更加安全了。

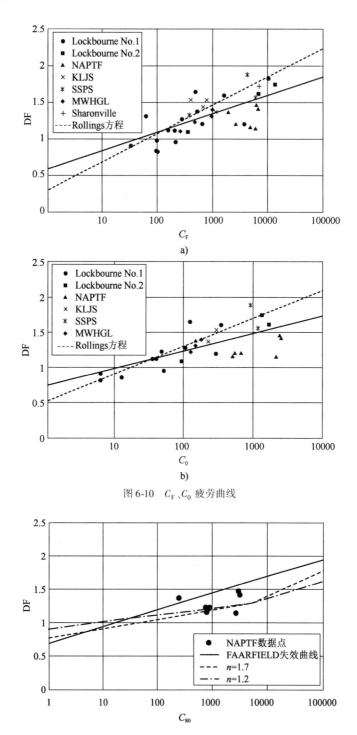

图 6-10　C_F、C_0 疲劳曲线

图 6-11　本轮试验数据点与疲劳曲线的关系

　　改用了疲劳方程后为保证与经验设计方法能够顺利衔接,FAA 引入了一个数值为 1.12 的标定系数 F_c,使对于给定的几种交通组合(此次标定所用到的机型未包含 6D 中尚未出现的 B777、A340-600 和 A380)用两种方法得出的道面厚度差值的平方和最小。FAA 在 FAARF-

IELD2.0 中又将 F_c 调整为 1。

2. Rollings 疲劳方程与 FAA 疲劳方程的差异

FAA 疲劳方程由于补充了新的足尺试验数据,与 Rollings 疲劳方程的差异除了曲线的斜率和截距有所调整之外,还体现在以下方面。

(1)试验数据的来源。

Rollings 方程的原始数据来自 CE 早年在各空军基地完成的足尺试验和 WES 完成的 MWHGL 试验,如表 6-5 所示。FAARFIELD 除了继续利用表 6-5 中的 30 个点位,还新增了 NAPTF 的 7 个数据点,涵盖了无基层、稳定基层和粒料基层三种道面结构。

Rollings 疲劳方程试验数据来源 表 6-5

试验项目	洛克伯恩 No.1	洛克伯恩 No.2	沙伦维尔	MWHGL	KLJS	SSPS
数据点个数	15	3	1	4	4	3

(2)计算理论的区别。

设计因子取决于应力计算方法,不同方法计算出来的设计因子差别较大。FAARFIELD 中的设计因子 DF 的计算见式(6-14):

$$DF = \frac{R}{0.75 \times \sigma_e} \tag{6-14}$$

式中:σ_e——采用三维有限元方法得出的板边最大拉应力;

0.75——考虑接缝传荷能力的折减系数;

R——混凝土设计抗弯拉强度。

Rollings 疲劳方程中的设计因子是采用弹性层状体系计算得到的。尽管应力计算方法有别,然而在构建疲劳方程时 FAA 与 Rollings 在水泥混凝土抗弯拉强度的取值上是一致的。拟合式(6-12)的系数时设计因子式(6-14)中的水泥混凝土强度要尽量取试验时的实际强度,一般取加载开始时间与结束时间的两个混凝土强度的平均值,与设计中通常取龄期为 28d 的抗弯拉强度有一定差别。首先要根据试验室和现场养护条件下试样的早期强度(龄期为 28d、56d、90d)和后期强度(MRC 约 240d 后、MRG 约 430d 后、MRS 约 230d 后)绘制出混凝土强度的变化趋势,再从曲线上读取试验时段的实际强度值。由于 MRC、MRG、MRS 三个试验段的混凝土中都掺入了高掺量的粉煤灰,从长期来看混凝土强度略微有所下降,但相差不大,保证了试验时段内混凝土抗弯拉强度基本恒定。

3. 基础补偿系数 F'_s

从图 6-9 可以看出基础对道面结构状况的影响主要体现在曲线的斜率上,FAA 采用基础补偿系数 F'_s 对 SCI 曲线的斜率进行修正以反映基础的作用,把方程推广到稳定基层结构。基础补偿系数 F'_s 的取值在 0 ~ 1.31 之间:$F'_s > 1$ 是对原 SCI 曲线斜率的放大,使疲劳寿命减小;$F'_s < 1$ 是对原 SCI 曲线斜率的折减,使疲劳寿命延长。由于粒料基层的支撑作用受到土基强弱的影响,基础补偿系数 F'_s 以基层补偿系数 F_{ss} 为基准并考虑土基强弱的影响,它与基层等效厚度 t_{eq} 以及土基模量 E_{SC} 这两个量有关,以同时反映基层与土基条件的影响。F'_s 的

计算见式(6-15):

$$F'_S = F_{ss} + \frac{1-F_{ss}}{25} \times \frac{E_{SG}}{1000} + \frac{F_{ss}-1}{2500} \times \left(\frac{E_{SG}}{1000}\right)^2 \qquad (6\text{-}15)$$

式中:F_{ss}——基层补偿系数,对于标准的 8in(20.3cm)厚的 P209 基层或 4in(10.2cm)厚的稳定基层,F_{ss} 为 1。

基层补偿系数 F_{ss} 与基层等效厚度 t_{eq} 有关,F_{ss} 的计算见式(6-16):

$$F_{ss} = \begin{cases} 0.25 \times 10^{1.2 \times (1-\frac{t_{eq}}{8})}, t_{eq} \geq 3.2 \\ 1.31, t_{eq} < 3.2 \end{cases} \qquad (6\text{-}16)$$

基层等效厚度 t_{eq} 的计算见式(6-17):

$$t_{eq} = \sum_1^n f_i t_i \qquad (6\text{-}17)$$

t_i 为基层厚度(in),f_i 的计算见式(6-18):

$$f_i = \begin{cases} 0.5, E_i \leq 200000 \\ (E_i - 200000) \times \dfrac{0.5}{300000} + 0.5, 200000 < E_i < 500000 \\ 1.0, E_i \geq 500000 \end{cases} \qquad (6\text{-}18)$$

式中:E_i——结构层的弹性模量(psi)。

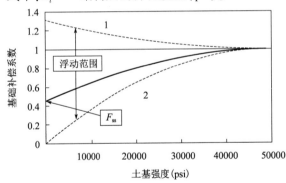

图 6-12 基础补偿系数与土基强度的关系

可以看出当基层等效厚度 t_{eq} 小于 4in(10.2cm)时(代表基层较弱的情况),基层补偿系数 $F_{ss} > 1$,但基础补偿系数的取值最终还要结合土基强度确定,如图 6-12 中曲线 1 所示,曲线开口向上,F'_S 是 E_{SG} 的减函数。此时基层对曲线斜率的放大效应随着土基强度的提高而减小,也就是说当基层较弱时,提高土基强度是对基层的一个有利补充。

当基层等效厚度 t_{eq} 大于 4in(10.2cm)时(代表基层较强的情况)$F_{ss} < 1$,曲线开口向下,如图 6-12 中曲线 2 所示,F'_S 是 E_{SG} 的增函数,此时由于基层较强可对曲线斜率进行折减,但折减程度与土基强度有关:土基强度越高,F'_S 越接近于 1,折减幅度反而越小。这是考虑到当基层较强时提高土基强度可能会减薄道面板厚度从而引起过多的 top-down 型开裂,为避免这种情况要控制对曲线斜率的折减幅度。

当土基的模量 E_{SG} 高达 50000 psi(345MPa)时已接近粒料了,此时已无须设置基层,$F'_S = 1$;当 $E_{SG} = 0$ 时,$F'_S = F_{ss}$,基础补偿系数完全取决于基层,土基对基础补偿系数已无任何影响了。

以 MRS 为例,基层等效厚度 $t_{eq} = 10$in(25.4cm),基层补偿系数 $F_{ss} = 0.125$,中等强度的土

基弹性模量 E_{SG} 约为 15000psi(103MPa),基础补偿系数 $F'_S = 0.571$,接近于 6.2.1 中稳定基层与粒料基层的斜率之比 0.6。

4. FAARFIELD2.0 疲劳方程的改进

从 CC1 和 CC2 的试验结果来看,不同强度土基上道面板的破坏行为有一定差别,主要体现在强度高的土基上的道面板更容易诱发 top-down 型开裂(图6-1),为此 FAARFIELD2.0 的疲劳方程采取了一种调整失效率的方式来考虑土基强度因素。当土基模量为 $E = 4500$psi(31MPa)(CBR = 3)时采用 50% 的失效率(50% 的点位失效),DF 曲线位于 50% 的点位之上,与刚性道面 50% 的板块出现开裂的破坏标准一致;当土基模量为 $E = 15000$psi(103MPa)(CBR = 10)时,由于更易发生早期板角开裂因而将失效率调高到 85%(85% 的点位失效),DF 曲线位于 85% 的点位之上,其实就是将原 DF 曲线整体往上平移。调整后的系数取值如表6-6所示,DF 曲线的斜率 b 与 d 均为 0.16 与土基强度无关,曲线在纵坐标上的截距 a 与 c 则视土基强度的高低而取不同值,当土基强度介于两者之间时,可通过内插得出。

不同失效比例下的常数　　　　　　　　　　　　　表6-6

常数	50% 的点位失效($E = 4500$psi,或 CBR = 3)	85% 的点位失效($E = 15000$psi,或 CBR = 10)
a	0.7600	1.027
b	0.1600	0.1600
c	0.8570	1.100
d	0.1600	0.1600

6.3　疲劳破坏过程的分阶段验证

根据 2.2.3 中的叙述,以道面板表面出现开裂为标志,刚性道面的破坏过程可分为疲劳积累和损伤两个阶段,分别相当于图6-13 的水平段和斜线段。SCI 曲线在到达拐点之前,还可以按裂缝开展过程细分出裂缝萌生阶段和在垂直方向的扩展阶段:图6-13 中 0→A 是疲劳逐渐积累诱发底部开裂的过程,A→B 是裂纹从底部扩展至表面的过程。这样一个完整的道面失效过程可进一步细分为如图6-13 所示的三个子进程。

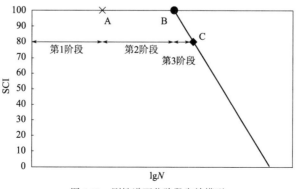

图6-13　刚性道面分阶段失效模型

第1阶段：0→A 代表裂缝萌生的疲劳积累阶段；

第2阶段：A→B 代表裂缝在垂直方向扩展的疲劳积累阶段；

第3阶段：B→C 代表裂缝在内部和表面开展的损伤阶段。

为研究道面结构损坏的三个子进程，了解道面板结构失效的微观力学规律，NAPTF 在 CC8 系列试验中专门安排了一个强度/疲劳试验（简称 S/F 试验）。

6.3.1 CC8 S/F 试验

CC8 S/F 试验段平面如图 6-14 所示，中间两幅为内幅，两侧两幅为外幅。外幅试验于 2018 年 8 月正式开始至 2019 年 10 月结束；内幅试验于 2019 年 10 月启动，在加载了 25000 次后于 2020 年 3 月暂停，由于道面板表面未发现裂缝，试验有待将来完成。本节只介绍外幅试验。

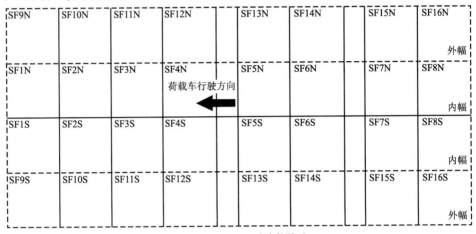

图 6-14 CC8 S/F 试验段平面

1．试验方案

研究人员根据试验目标设计了两套试验方案，差异主要体现在施加的荷载上：

（1）移动荷载：南侧外幅的 8 块道面板用于模拟一个完整的破坏过程的三个子进程：第 1 阶段＋第 2 阶段＋第 3 阶段；

（2）静荷载＋移动荷载：先用静荷载迫使北侧外幅的 8 块道面板底部预先萌生裂纹，然后用移动荷载模拟后两个子进程第 2 阶段＋第 3 阶段。静荷载施加在横缝边缘距离纵缝 5ft （1.5m）处，这个距离足以保证避开板角，与移动单轮荷载施加的位置一致。

道面结构由水泥混凝土面层、贫混凝土基层、粒料底基层和土基组成。道面板厚度、混凝土的抗弯拉强度和土基强度采用以下四种组合：12in（30.5cm）/650psi（4.48MPa）/CBR7～8、12in（30.5cm）/650psi（4.48MPa）/CBR3～4、9in（22.9cm）/900psi（6.20MPa）/CBR7～8，以及 9in（22.9cm）/900psi（6.20MPa）/CBR3～4。混凝土的抗弯拉强度是采用 ASTM C78 中的小梁三点加荷法测定的。静荷载与移动荷载胎压均为 220psi（1.50MPa）。

2．试验过程

静荷载预裂的步骤如下：经计算 12in（30.5cm）和 9in（22.9cm）厚的道面板分别在 54000lbf（244940N）和 63000lbf（285760N）的单轮静载下达到混凝土的设计弯拉强度；由于实

际的混凝土受力与材料强度不同于计算模型,上述两个荷载只是作为初始荷载,后续荷载以 2500lbf(11340N)为增量逐级提高,同时监测板底拉应力直到应变计提示开裂,最终得到的实际开裂荷载分别平均为 105000lbf(476270N)和 79375lbf(360030N),北侧外幅的所有八块板均预加载至开裂,监测到的板底断裂应力与现场养护条件下混凝土的实际弯拉强度之比远小于 1,说明板中除了荷载应力之外可能还存在着不小的初始应力或非荷载应力,决定道面板是否开裂的是混凝土中总的应力状况而不仅仅是荷载应力。

施加的移动荷载为平均起裂静荷载的 80%。为节约耗时,本轮试验中移动荷载轮迹不发生偏移,荷载通行次数即作用次数。在对北幅试验段的病害跟踪记录中,最先观察到的是纵向裂纹,待纵向裂缝基本贯通后,少数由其延伸出的斜向裂缝才逐渐开展,但道面达到破坏时基本上都是纵向贯通的 bottom-up 型裂缝。南幅加载结束后,除 SF11S 板块之外其余板块均在表面发现了贯通的纵向裂缝,由于未事先预裂南幅还从纵向的主裂缝上延伸出一些斜向的分支裂缝。

由于道面板表面出现开裂的位置往往不一定正好是应变计预埋的位置,埋设在靠近板顶的应变计无法及时捕捉节点 B 和 C,捕捉主要还是靠目测。图 6-15 表示的是北侧外幅其中一块道面板的病害发展过程:其中图 6-15a)相当于底部裂缝刚贯穿至表面的 B 点,此时道面 SCI 约为 100;图 6-15d)相当于裂缝在表面纵向贯通的 C 点,此时道面 SCI 约为 80。

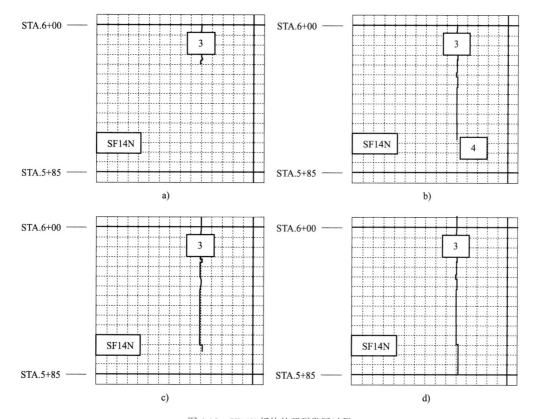

图 6-15　SF14N 板块的开裂发展过程

6.3.2 疲劳寿命的分阶段验证与影响因素

表 6-7 表示本轮试验板块分阶段统计的疲劳寿命。北幅由于使用了静载预裂技术，故没有 1 阶段寿命。南幅获得的是 3 个阶段的疲劳寿命总和。假定相同厚度的板块之间无差异，可根据试验数据推算出括号内的各阶段疲劳寿命。

试验板块分阶段统计的疲劳寿命 表 6-7

分组	板块编号	厚度（in）	抗弯拉强度（psi）	平均总通行次数（次）					
				第 1 阶段	第 2 阶段	第 1 阶段 + 第 2 阶段	第 3 阶段	第 2 阶段 + 第 3 阶段	第 1 阶段 + 第 2 阶段 + 第 3 阶段
N	SF9N ~ SF12N	12	650		15528		3024	18552	
	SF13N ~ SF16N	9	900		12771		3858	16629	
S	SF9S ~ SF12S[2]	12	650	（11831）[1]		27359	1136		28495
	SF13S ~ SF16S	9	900	837		13608	4882		18490

注：①不加括号的数字是实测数据，括号内数据由推算得出。
②SF11S 板块没达到破坏标准，故不计。

从表中可以看出南侧的 12in（30.5cm）/650psi（4.48MPa）板块的 1 阶段疲劳寿命较 9in（22.9cm）/900psi（6.20MPa）板块大得多，表明在裂缝萌生阶段板厚是决定性因素，其作用要超过混凝土的抗弯拉强度；北侧 12in（30.5cm）/650psi（4.48MPa）板块的 2 阶段的疲劳寿命仅为 9in（22.9cm）/900psi（6.20MPa）板块的 1.2 倍，9in（22.9cm）/900psi（6.20MPa）板块的 3 阶段疲劳寿命已超 12in（30.5cm）/650psi（4.48MPa）板块，表明混凝土抗弯拉强度的作用在裂缝向垂直和水平方向扩展中逐渐突显出来，提高混凝土的抗弯拉强度有利于延长道面板的 2、3 阶段疲劳寿命，板底一旦萌生裂缝板厚因素变得无关紧要。

6.3.3 设计程序验证

CC8 系列的 S/F 试验数据还可用来对比验证 FAARFIELD 程序的计算结果。由于 FAARFIELD 只能计算对应于 SCI 为 100 和 80 这两个节点的疲劳寿命即第 1 阶段 + 第 2 阶段或第 1 阶段 + 第 2 阶段 + 第 3 阶段的疲劳寿命，无法计算板底裂缝萌生时的疲劳寿命，因此表 6-8 中只列出第 1 阶段 + 第 2 阶段和第 3 阶段的疲劳寿命。从表 6-8 可以看出：程序计算出的 12in（30.5cm）厚的道面板的前两个阶段疲劳寿命远远大于 9in（22.9cm）厚道面板前两个阶段的疲劳寿命，表明相对于混凝土的弯拉强度，FAARFIELD 的计算结果对板厚更敏感。本次实测的结果与 FAARFIELD 程序之间存在较大差异。

FAARFIELD 计算疲劳寿命分布 表 6-8

厚度（in）	弯拉强度（psi）	土基 CBR	DF	第 1 阶段 + 第 2 阶段		第 3 阶段	
				实测寿命（占比）	计算寿命（占比）	实测寿命（占比）	计算寿命（占比）
12	650	7.7	1.62	27359（96%）	5703（59%）	1136（4%）	4003（41%）
9	900	7.9	1.33	13608（74%）	74（61%）	4882（26%）	48（39%）

从表6-8中实测的与程序计算得到的分阶段疲劳寿命的占比这两项可以看出实测的疲劳寿命中第1阶段+第2阶段要远大于第3阶段,而程序计算的疲劳寿命在第1阶段+第2阶段与第3阶段中的分配更加均匀,第3阶段残余的疲劳寿命不容忽视。表6-8中FAARFIELD计算的疲劳寿命与实测值之间存在较大的差异:当板厚为12in(30.5cm)时,实测寿命约为程序计算值的2.9倍,而当板厚为9in(22.9cm)时,实测寿命为计算值的151倍。

另外还发现对于道面厚度同为9in(22.9cm)、抗弯拉强度同为900psi(6.20MPa)的SF13S~SF16S,高强度土基上的道面板SF13S、SF14S(CBR7~8)的疲劳寿命计算值反而比低强度土基上的道面板SF15S、SF16S(CBR3~4)的疲劳寿命计算值小,与实测结果正好相反。一方面固然是由于SF13S、SF14S与SF15S、SF16S的设计因子DF的差异(分别为1.33和1.35),另一方面由6.2.2可知考虑到高强度土基上较薄的混凝土板易发生top-down型开裂,FAARFIELD针对高强度土基调整了系数a、c以提高疲劳曲线的失效率,因此疲劳寿命计算值与实测值的差异在一定程度上也是a、c调整的结果。总体来说,FAARFIELD的计算结果是相当保守的。

6.4 超 载 试 验

从5.4节的柔性道面超载试验可以看到,若起落架的ACN超过了道面PCN的26%,超载对沥青面层的疲劳性能、土基材料和粒料的永久变形均会产生较大不利影响。对刚性道面而言,超载的不利影响体现在哪,超载能否造成刚性道面的极限破坏,是否会改变道面SCI曲线的形态,这些问题连同ICAO提出的超载运行标准一直都没得到有效的试验验证。为了解答这些疑问,从2016年起CSRA公司利用NAPTF场地实施了专门的刚性道面超载试验。

6.4.1 试验段结构及超载的确定

刚性道面超载试验段如图6-16所示,南北幅各10块道面板,南幅在施加正常荷载的间隙施加超载北幅作为对照只施加正常荷载,南北幅由中间的过渡段隔开。道面板长宽均为12ft(3.7m)厚9in(22.9cm),下设厚11in(27.9cm)的垫层P154,土基由黏土构成,南北幅土基反应模量分别为130pci(35MN/m³)和110pci(30MN/m³),垫层顶面反应模量提高到210pci(57MN/m³)。纵缝设传力杆而横缝不设。道面结构中预埋有EG应变计,测量板底与垫层间竖向相对位移的POT、ECS传感器以及温度传感器。荷载由模拟加载车施加,正常荷载为双轮而超载采用双轴双轮并符合全轮迹偏移模式。

确定正常荷载与超载的大小首先要评估道面的承载能力,而道面所能承受的荷载又是与疲劳寿命相联系的,考虑疲劳寿命是为了将试验耗时限定在一个可控的区间内,为此需要进行试算和试加载:先从理论上拟定一个初始正常荷载Ⅰ→预估疲劳寿命→计算各级初始超载Ⅰ→试验性加载→根据实测数据调整初始正常荷载→根据新的正常荷载Ⅱ重新计算各级超载Ⅱ→…。

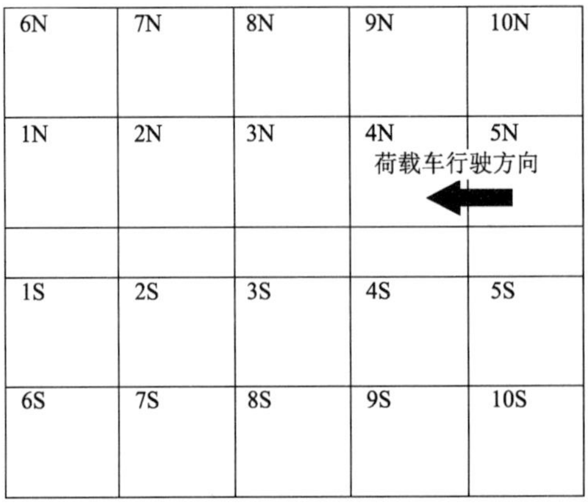

6N	7N	8N	9N	10N
1N	2N	3N	4N	5N 荷载车行驶方向 ←
1S	2S	3S	4S	5S
6S	7S	8S	9S	10S

图 6-16 刚性道面超载试验段

首先假定荷载为单轮重 20000lbf(90710N) 的单轴双轮,混凝土抗弯拉强度采用 650psi (4.48MPa),FAARFIELD 计算得到的道面板底部拉应力为 445psi(3.10MPa),预估疲劳寿命为 10405 次通行次数。将荷载、交通量及道面信息输入 COMFAA,得到单轴双轮的 ACN 为 20.4,小于道面 PCN21.1(假定水泥混凝土道面的通行次数为 10405 次)。以单轮重 20000lbf(90710N) 为基准推算各级超载并进行试加载。正常荷载及超载的通行次数及加载顺序如表 6-9 所示,超载单轮重推算如表 6-10 所示。

通行次数及加载顺序   表 6-9

日期	荷载类型	单轮重(lbf)	全偏移遍数		通行次数
			北幅	南幅	
2016.2.22	正常荷载 I	20000	1	1	66
	5%超载 I	21500		1	132
	10%超载 I	22500		1	198
	15%超载 I	23000		1	264
	20%超载 I	24000		1	330
	25%超载 I	25000		1	396
2016.2.23—2016.2.24	正常荷载 I	20000	19	19	1650
2016.2.25	正常荷载 II	28000	1	1	1716
2016.2.25—2016.2.26	5%超载 II	28500		1	1782
	10%超载 II	29500		1	1848
	15%超载 II	30500		1	1914
	20%超载 II	31500		1	1980
	25%超载 II	32500		1	2046
2016.2.26—2016.3.2	正常荷载 II	28000	36	36	4422
2016.3.9—2016.3.15	正常荷载 II	28000	33		6600
2016.9.14—2016.9.19	正常荷载 II	28000	28		8448

超载单轮重推算   表 6-10

超载 I（名义）	超载 I（实际）	ACN	单轮重（lbf）	超载 II（名义）	超载 II（实际）	ACN	单轮重（lbf）
5%	4.0%	21.8	21500	5%	4.7%	31.4	28500
10%	10.1%	23.1	22500	10%	9.3%	32.8	29500
15%	13.2%	23.8	23000	15%	14.3%	34.3	30500
20%	19.6%	25.1	24000	20%	19.3%	35.8	31500
25%	26.0%	26.5	25000	25%	24.3%	37.3	32500

    试验中实时监测道面结构状况，当初始正常荷载 I 通过 1650 次后道面表面没有发现任何裂纹。应变计实测的底部应变为 $59\mu\varepsilon$，转化成拉应力为 319psi（2.20MPa），没有达到之前 FAARFIELD 的计算值 445psi（3.10MPa），表明初始正常荷载单次作用的疲劳损伤没有达到预期，道面的 PCN 可能过低，会引起加载环节耗时过长，应重新审查荷载大小。将正常单轮荷载 II 按比例提高到 $P = 445 \div 319 \times 20000 = 27900 \approx 28000$ lbf（127000N）。将单轮增至 28000lbf（127000N）进行试加载，受系统非线性影响实测的底部最大应力接近 400psi（2.80MPa），虽也未达到 445psi（3.10MPa），但比之前 319psi（2.20MPa）已有较大幅度增长，试验次数亦可控。将 56000lbf（254000N）的双轮荷载转化为 DSWL 后便可得到增载后的单轴双轮的 ACN 为 30，COMFAA 计算得到的道面 PCN 也为 30，以此为基准推算的各级超载 II 如表 6-10 所示。由于单轮重为标准模数，实际超载百分比与名义值之间有一定差别。

    南幅在通过了 4422 次之后 SCI 降至 68，在 2S 板角处出现了一条收缩裂缝，在 7S 板角处发现了轻微的板角裂缝，在 8S 板角处发现中等严重程度的板角裂缝，另外在 3S 板角处也发现了 top-down 型的斜向裂缝和轻微剥落。北幅在正常荷载作用了 7788 次之后 SCI 降至 79，在 2N、7N、8N 板角处均发现了轻微的 top-down 型板角裂纹，南北幅的病害非常相似而施加了超载的南幅更严重。

6.4.2 超载对道面结构的影响

    试验后读取了实测的应变和竖向位移数据，位于接缝附近的应变计显示拉应变在超载结束后均能恢复，而板底与垫层之间的竖向相对位移在超载结束后总有一部分残留不能恢复。如图 6-17 所示，当荷载接近板边时板边的向下弯沉（方向以向下为正）迅速增大，随着荷载跨过板缝相对弯沉反向增大。正常荷载和超载的区别在于正常荷载离开板缝后道面板基本能够恢复到零弯沉的初始状态而超载作

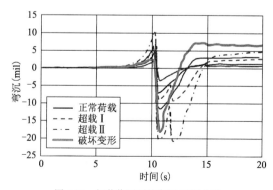

图 6-17 超载作用下的弯沉-时间曲线

用后的道面板总有残余的向上的相对位移，最大可达峰值的 25%，久而久之就形成了板底的脱空。超载使板角下的垫层中形成了一个三角形的压密区，在超载的连续作用下板角脱空也

逐渐累积,超载幅度越大引起的脱空也越大,垫层和土基的永久变形就这样积累下来,从而诱发板角开裂,这种 top-down 型裂缝显然不是一次作用下的极限破坏,而是在多次超载和正常荷载的联合作用下混凝土材料疲劳损伤累积的结果,超载只不过加速了这个疲劳破坏的进程。HWD 测试结果也证实了出现开裂的板角大都存在脱空,可断定板角开裂几乎都与板底脱空有关,因而采用稳定基层从一定程度上提高基层的抗变形能力才是应对超载的有效措施。

结合南北幅道面的病害表现以及道面 SCI 统计数据来看,超载引发的主要是 top-down 型开裂,施加超载后此类病害出现得更早,加速了道面板 C_0 拐点的到来,除此之外超载不会引起道面 SCI 曲线形态的改变。

6.5　接缝性能对比试验

CC8 试验中有一项专门的接缝试验,对比考察了四种接缝的力学性能,包括加传力杆的横向缩缝、无传力杆的横向缩缝、加传力杆的纵向施工缝和正弦波形的纵向施工缝,这种正弦波形纵向施工缝在欧洲一些国家较为普遍而 FAA 尚无应用。

6.5.1　试验过程

1.试验段结构

接缝性能对比试验的试验段平面及分组如图 6-18 所示,南北两侧各包含 12 块道面板,按不同的纵缝横缝组合分为 NW、NE、SW、SE 四个区域,每个区域的接缝类型分组如表 6-11 所示,横向缩缝包括不设传力杆的假缝和设传力杆的假缝两种,纵向施工缝包括设传力杆的平缝和正弦波形企口缝(图 6-19)两种。传统企口缝的阴企口容易断裂,这种波形企口缝可有效克服这一弊端。

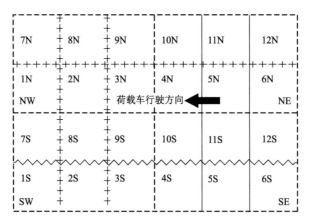

图 6-18　试验段平面及分组

接缝类型分组　　　　　　　　　　　　　　　　表6-11

区域	接缝类型	
	横向缩缝	纵向施工缝
NW	假缝加传力杆	平缝加传力杆
NE	假缝	平缝加传力杆
SW	假缝加传力杆	波形企口缝
SE	假缝	波形企口缝

道面结构由 12in(30.5cm)厚 P501 水泥混凝土面层、6in(15.2cm)厚 P306 贫混凝土基层、14in(35.6cm)厚 P154 垫层构成,土基反应模量为 175pci(47MN/m³)。在横缝和纵缝附近靠近表面和底面处布置测量应变的 EG 应变计,板角处布置 ECS 竖向位移传感器以测量板角弯沉。

图6-19　正弦波形企口缝

2. 试验过程与破坏机理

试验分为两阶段:第一阶段荷载为单轮重 65000lbf(294830N)的双轮荷载,各试验段在荷载通过 42702 次后发现道面 SCI 不再下降,于是第二阶段在南侧试验段上改换单轮重 70000lbf (317510N)的三轴双轮,又通过了 3036 次。加载过程中每通过 660 次(相当于加载车完成了 10 个全轮迹偏移)做一次 HWD 测试以评定接缝的传荷能力。

第一阶段加载结束后 NW、NE、SW 和 SE 区域的道面 SCI 分别降至 16、16、13 和 79。第二阶段加载结束后 SW 和 SE 区域的道面 SCI 分别继续降至 2 和 41。图6-20a)、图6-20b)分别表示两阶段结束时试验段表面的裂缝开展情况,图中显示板角断裂是最主要的病害形式,除板角裂缝之外还包括一些长短不一的纵向裂缝。从板顶应变计记录下的拉应力和位移传感器记录到的脱空来看,这种板角裂缝是典型的 top-down 型裂缝。

图中可见第一阶段加载结束后 NE 区域的板角开裂最严重,SE 区域仅 J11S 板块出现板角开裂,但 SE 区域的板角开裂病害在第二阶段有所加重。NW 和 SW 的板角裂缝都集中在西侧编号为 1 和 7 的板块,与西侧的超载试验段之间间隔有 10ft(3.0m)宽的过渡段,推测最西侧板块上出现的板角开裂可能与邻近的超载试验段有关。若撇开这四块道面板,两张裂缝图都反映了一条共同的规律:在假缝中加传力杆有利于减少板角开裂病害,当第二阶段加载结束后西侧仅 J9S 板块增加了一条板角裂缝而东侧无传力杆区域新增了 6 条板角裂缝。

根据传感器的实测数据,西侧假缝中加了传力杆的 NW 和 SW 区域的板顶拉应变和板角脱空都明显小于东侧假缝中未加传力杆的 NE 和 SE 区域,表明传力杆对于提高道面整体性能减少表面开裂和板底脱空有明显效果,而正弦波形纵缝与传统的加传力杆的纵向施工缝相比在降低拉应力和减小脱空方面并没表现出明显优势。

6.5.2 接缝的传荷表现

1. 接缝传荷能力(效率)的测定方法

接缝传荷能力(效率)与评定指标有关,有应力和弯沉两种表征方式,分别依据的是EG应变计或HWD的实测数据。两种评定指标之间虽然可以建立近似的关系,但缺乏理论联系,两套指标不能混用。

(1)基于弯沉的接缝传荷效率。

用弯沉表示的接缝传荷效率LTE_δ的计算见式(6-19):

$$LTE_\delta = \frac{\delta_{ul}}{\delta_{ld}} \times 100 \tag{6-19}$$

式中:δ_{ul}、δ_{ld}——HWD测试中未受荷板与受荷板距离板边6in(15.2cm)处的实测弯沉。

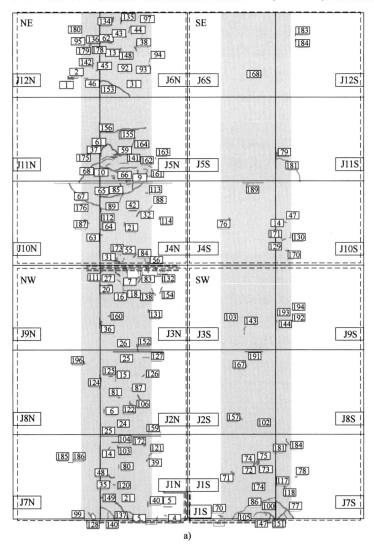

图 6-20

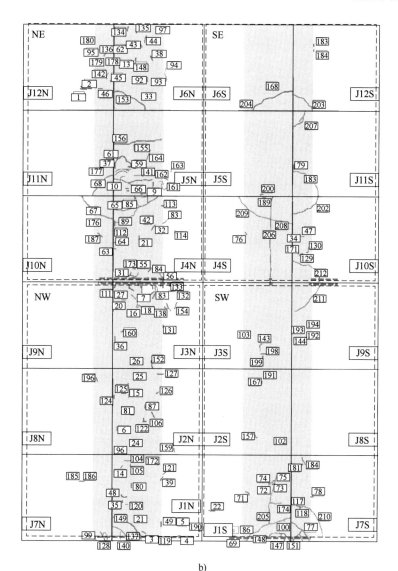

b)

图6-20 两阶段裂缝开展图

（2）基于应力的接缝传荷能力（效率）。

应力表征的接缝传荷能力LT_σ、传荷效率LTE_σ的计算见式（6-20）、式（6-21）：

$$LT_\sigma = \frac{\sigma_U}{\sigma_L + \sigma_U} \times 100 = \frac{\varepsilon_U E_U}{\varepsilon_L E_L + \varepsilon_U E_U} \times 100 \qquad (6\text{-}20)$$

$$LTE_\sigma = \frac{\sigma_U}{\sigma_L} \times 100 = \frac{\varepsilon_U E_U}{\varepsilon_L E_L} \times 100 \qquad (6\text{-}21)$$

式中：σ_U、σ_L——未受荷板与受荷板的板底应力；

ε_U、ε_L——未受荷板与受荷板的板底实测应变；

E_U、E_L——未受荷板与受荷板的弹性模量。

LT_σ 与 LTE_σ 的关系见式(6-22)：

$$LT_\sigma = \frac{LTE_\sigma}{1 + LTE_\sigma} \tag{6-22}$$

基于应力的接缝传荷能力(效率)的测定有双侧应力法与单侧应力法。采用双侧应力法要用到受荷板与未受荷板的板底实测应变,当未受荷板一侧的应变计不能正常工作时,可改用单侧应力法。如图6-21所示,未受荷板应变可按如下方法估算:从受荷板板底应变曲线的圆弧过渡段的两个端点分别引两条切线,这两条切线交点处的应变值可作为未受荷板的应变。单侧应力法只适用于评估横缝的传荷能力(效率)。

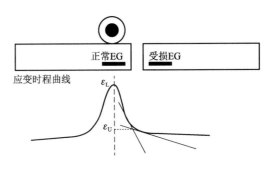

图6-21　接缝传荷效率的单应力法评定原理

2. 实测接缝传荷能力(效率)

道面设计中通常关注的是基于应力的接缝传荷能力,基于应力测定接缝的传荷能力(效率)需要提前在道面板中埋设应变计,但又往往受制于采集数据的质量,比如本轮试验中有的应变计出现损坏而没有读数,遇到这种情况只能改用单侧应力法计算接缝的传荷能力(效率)。另一种常见的应变计读数异常源于道面病害,特别是受板角开裂的影响。当发生板角开裂时,埋设在该部位的应变计的读数往往急剧变化,这种情况下测得的应变就无法反映整条接缝真实的传荷能力。在道面评价中应用最普遍是基于弯沉的接缝传荷效率,主要归功于弯沉测试的便捷高效,弯沉测试可选择在道面板表面任意位置进行,不但可以测试接缝的传荷效率,而且还可以测定接缝刚度。

(1)基于应力的接缝传荷能力。

图6-22a)表示设传力杆假缝的传荷能力 LT_σ 随荷载通行次数的变化情况。图中显示设传力杆假缝的传荷能力在整个过程中都较稳定,传荷能力一直保持在25%以上,受道面结构性能退化的影响较小;图6-22b)表示无传力杆假缝的传荷能力 LT_σ 随荷载通行次数的变化情况,其中无传力杆假缝 S4-5 的传荷能力 LT_σ 随荷载通行次数的增加而增长,这种趋势主要与试验过程中温度的升高有关。无传力杆的假缝 N4-5 其传荷能力在14916次的陡降是由板角开裂引起[图6-20a)],在18348次后由于受荷板的应变计损坏无法再计算传荷能力。无传力杆假缝的传荷能力在起始段和末段都低于25%,传荷能力主要由温度决定。第二阶段中S4-5无传力杆假缝的传荷能力出现了较明显的下滑与荷载改为三轴双轮以及温度下降因素有关。

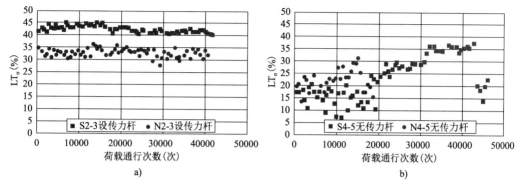

图 6-22　横缝传荷能力 LT_σ-荷载通行次数实测数据

图 6-23a)、图 6-23b)分别表示加传力杆的纵向施工缝和正弦波形纵向施工缝的传荷能力 LT_σ 随荷载通行次数的变化情况,两种纵缝的表现较为相近,除了 S5-11 之外其余纵缝的传荷能力在第一阶段中都保持在 25% 以上,S5-11 的 LT_σ 在 17292 次的陡降是由 J11S 板块的板角开裂引起的〔图 6-20a)〕。第二阶段中除了 S3-9 其余纵缝的传荷能力与横缝相似也由于荷载的改变而降低。

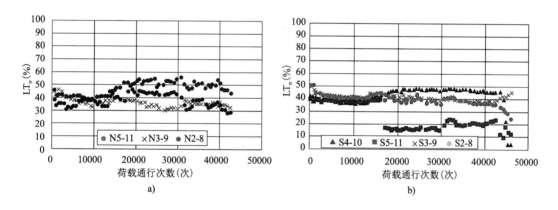

图 6-23　纵缝传荷能力 LT_σ-荷载通行次数实测数据

（2）基于弯沉的接缝传荷效率。

图 6-24a)表示假缝传荷效率 LTE_δ 随荷载通行次数的变化情况,从图中可以看出加传力杆假缝的传荷效率 LTE_δ 在整个过程中一直较稳定;未加传力杆假缝的传荷效率 LTE_δ 在整个过程中随着温度升高而呈增长趋势,在寒冷季节的传荷效率最低只有 16% ,而加载初期和末期攀升至 90% 以上。纵观整个过程中假缝的表现,未见其传荷效率随着道面结构性能的退化而出现降低的迹象,暗示决定假缝传荷效率高低的主导因素不是道面结构状况而是传力杆和温度。

图 6-24b)表示纵向施工缝的传荷效率 LTE_δ 随荷载通行次数的变化情况,可以看出与假缝的传荷效率几乎不受道面结构状况的制约相反,纵向施工缝的传荷效率随着道面结构状况的退化呈下降趋势,但加传力杆的纵向施工缝的传荷效率降低速率低于正弦波形纵向施工缝。

（3）接缝传荷效率 LTE_δ 与接缝刚度 k_j 。

试验中测定的接缝传荷效率与接缝刚度的关系如图 6-25 所示,图中显示当接缝刚度达到 150000lb/in²(1033MPa)后,接缝的传荷效率 LTE_δ 可超过 90% ,此后再增大接缝刚度对提高传荷效率的作用越来越不明显。

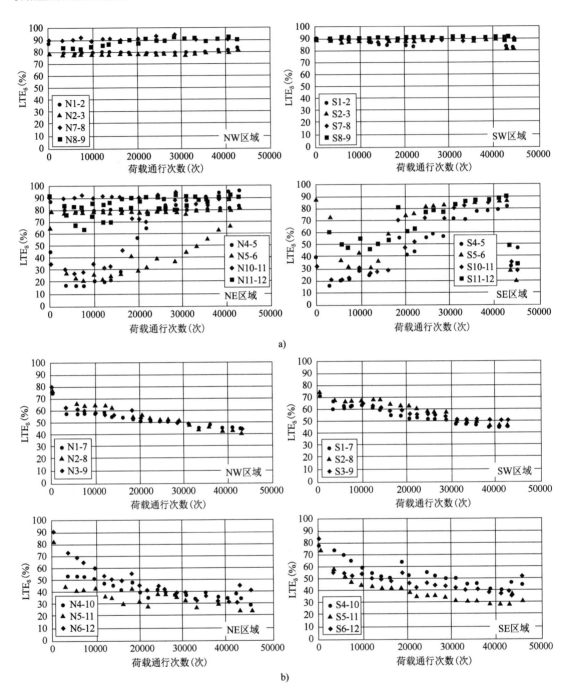

图 6-24 横向假缝与纵向施工缝传荷效率 LTE_δ 随荷载通行次数的变化

根据本次实测数据北侧加传力杆纵缝的传荷效率 LTE_δ 集中在 50%～85% 之间,相应地接缝刚度 k_j 在 10000～100000lb/in^2(69～689MPa),相比于假缝和正弦波形纵缝的接缝刚度分布范围在 0～250000 lb/in^2(0～1722MPa),加了传力杆的纵向施工缝的刚度分布明显缩窄。由此可见接缝刚度主要来自集料间的嵌锁,传力杆在提高接缝刚度方面所起的作用不及集料嵌锁。

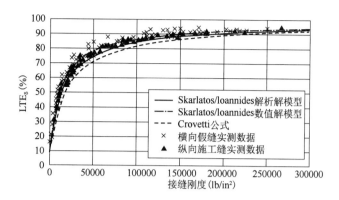

图 6-25　接缝传荷效率与实测刚度之间的关系

6.5.3　接缝传荷效率LTE$_\delta$、接缝传荷能力LT$_\sigma$、接缝刚度 k_j 三者的关系

用本轮试验得到的数据可以验证接缝传荷效率LTE$_\delta$与接缝刚度 k_j 之间的已有经验关系式,也可以尝试建立起接缝传荷效率LTE$_\delta$与接缝传荷能力LT$_\sigma$,接缝传荷能力LT$_\sigma$与接缝刚度 k_j 之间的经验关系。

1. 接缝刚度 k_j 的测量方法

Byrum 曾提出过一种基于 HWD 测试技术的接缝刚度测量方法。如图 6-26 所示,图中的 D_{-6}、D_6、D_{66} 分别为受荷板上的承载板中心、未受荷板距离接缝 6in(15.2cm)和 66in(167.6cm)处的实测弯沉值,根据两点弯沉之间的差值 $(D_{-6} - D_6)$ 估算接缝处的相对剪切位移为 $(D_{-6} - D_6)(1 + i\%)$,这里的 $i\%$ 是用离开接缝一定距离处的弯沉差推算接缝弯沉差的放大系数,板越薄弯沉越大该系数也越大,一般在 5~8 之间(本节中取 6)。

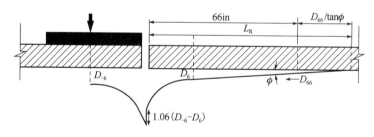

图 6-26　HWD 接缝刚度测量原理

为了求出受荷板与未受荷板之间的相对剪切位移,需引入剪切位移沿接缝线性分布假设。如图 6-27 所示,从落锤中心作垂直于接缝的垂线,与接缝的交点为对称中心,在两侧 L_R 范围内剪切位移线性分布,最大值 $1.06(D_{-6} - D_6)$ 位于对称中心。

未受荷板所受剪力 Q 为接缝刚度乘以图 6-27 中三角形的面积,见式(6-23):

$$Q = 1.06(D_{-6} - D_6)L_R k_j \qquad (6-23)$$

根据图 6-26,落锤引起的垂直于接缝方向相对位移影响范围 L_R 见式(6-24):

$$L_R = 66 + \frac{D_{66}}{\tan\phi} = 66 + 60\frac{D_{66}}{D_6 - D_{66}} \qquad (6-24)$$

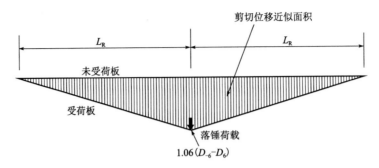

图6-27 受荷板与未受荷板之间相对剪切位移剖面

未受荷板所受剪力的另一种表达见式(6-25)：

$$Q = P \frac{\mathrm{LTE}_\delta}{1 + \mathrm{LTE}_\delta} \tag{6-25}$$

将式(6-23)、式(6-24)与式(6-25)三式联立可得：

$$k_j = P \cdot \mathrm{LTE}_\delta / \left[(1 + \mathrm{LTE}_\delta)(D_{-6} - D_6)(1 + i\%)(66 + 60D_{66}) / (D_6 - D_{66}) \right] \tag{6-26}$$

式中：LTE_δ——基于弯沉的接缝传荷效率(%)；

P——落锤冲击荷载(lbf)。

2. LTE_δ 与 k_j 关系的验证

Hammons 与 Ioannides 曾提出过两个关于接缝传荷效率LTE_δ 与接缝刚度q_0 的关系式，一种由 Skarlatos/Ioannides 模型的解析解导出，见式(6-27)：

$$\mathrm{LTE}_\delta = \frac{1}{1 + 10^{\frac{0.214 - 0.183\left(\frac{\varepsilon}{l}\right) - \lg f}{1.18}}} \tag{6-27}$$

另一种由该模型的数值解导出，见式(6-28)：

$$\lg f = \left[0.434829\left(\frac{\varepsilon}{l}\right) - 1.23556 \right]\lg\left(\frac{1}{\mathrm{LTE}_\delta} - 1\right) + 0.295205 \tag{6-28}$$

$$f = \frac{q_0}{Kl} \tag{6-29}$$

式中：q_0——接缝刚度(lb/in²)；

K——基层顶面反应模量(pci)；

l——混凝土板的相对刚度半径(in)；

ε——荷载圆半径(in)。

Crovetti 提出的接缝传荷效率LTE_δ 与接缝刚度$\mathrm{AGG}_{\mathrm{tot}}$ 之间的经验公式见式(6-30)：

$$\mathrm{LTE}_\delta = \frac{100\%}{1 + 1.2\left(\dfrac{\mathrm{AGG}_{\mathrm{tot}}}{Kl}\right)^{-0.849}} \tag{6-30}$$

若假定整个过程中混凝土板的相对刚度半径保持不变,图 6-25 表示本轮试验中实测的假缝与纵向施工缝的传荷效率与实测刚度之间的关系,从图上可以看出实测的数据点与三条曲线都较吻合,与 Skarlatos/Ioannides 模型数值解导出的回归公式(6-28)吻合度最高;这三个回归公式对于假缝与纵向施工缝均适用。

3. 接缝传荷能力LT_σ 与传荷效率LTE_δ 关系的验证

Wadkar 根据 CC2 试验数据证明了LT_σ 与LTE_δ 之间具有良好的正相关关系。图 6-28 表示用本轮试验数据回归出的LT_σ 与LTE_δ 的关系,可以看出LT_σ 与LTE_δ 之间仍表现出近似的线性正相关关系。

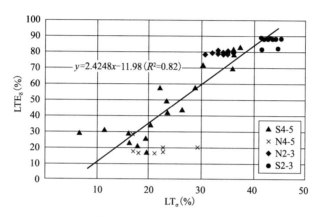

图 6-28 LT_σ 与LTE_δ 的关系

4. LT_σ 与 k_j 关系验证

根据以上LT_σ 与LTE_δ 之间的近似正相关关系,理论上可用LT_σ 代替LTE_δ 直接建立基于应力的接缝传荷能力LT_σ 与接缝刚度 k_j 之间的关系,以避免直接测量LT_σ 所带来的不便。仿照式(6-27)~式(6-29)的形式,将LTE_δ 替换成LT_σ,然后对常数重新进行拟合。

Skarlatos/Ioannides 模型的解析解形式见式(6-31):

$$LT_\sigma = \frac{1}{1 + 10^{\frac{a - b\left(\frac{\varepsilon}{l}\right) \cdot \lg f}{c}}} \tag{6-31}$$

Skarlatos/Ioannides 模型的数值解形式见式(6-32):

$$\lg f = \left[a\left(\frac{\varepsilon}{l}\right) - b\right]\lg\left(\frac{1}{LT_\sigma} - 1\right) + c \tag{6-32}$$

Crovetti 解形式见式(6-33):

$$LT_\sigma = \frac{100\%}{1 + a\left(\frac{AGG_{tot}}{Kl}\right)^{-b}} \tag{6-33}$$

式中:a、b、c——重新拟合后的系数,见表 6-12。

拟合系数

表 6-12

系数	Skarlatos/Ioannides 模型的解析解	Skarlatos/Ioannides 模型的数值解	Crovetti 解
a	0.4	6	2.5
b	−10	6	0.23
c	8	1.8	—

LT_σ 与 k_j 之间的关系如图 6-29 所示,实测数据证明 LT_σ 也可以效仿 LTE_δ 与 k_j 建立类似的经验关系。

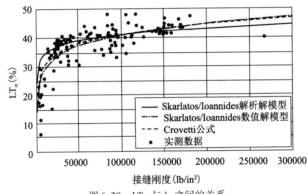

图 6-29 LT_σ 与 k_j 之间的关系

第7章
刚性道面上的水泥混凝土
加铺层足尺试验

CC4 试验与 CC8 系列中的加铺层试验分别是由道面革新研究基金 IPRF(Innovative Pavement Research Foundation)和通用信息技术公司(General Dynamics Information Technology)利用 NAPTF 试验场地完成的一组刚性道面上的水泥混凝土加铺层加速破坏足尺试验,旨在更深入了解水泥混凝土加铺层的实际力学行为以改进加铺层设计方法。

7.1 加铺层足尺试验过程

从前面叙述可知 Rollings 的刚性道面结构状况模型(曲线)来自单层道面板试验,对于加铺层结构尚未得到有效验证;其次理论研究表明是否考虑基层板的结构性能对隔离式加铺层厚度计算影响很大,而这一关键因素也未得到有效验证。第 4 轮和第 8 轮加铺层足尺试验的主要目的是验证加铺层的结构状况模型与基层板的有效模量模型并利用试验数据对 FAARFIELD 程序进行标定。

7.1.1 CC4 试验

CC4 系列试验从 2005 年一直持续到 2010 年,试验段结构剖面如图 7-1 所示。在东西方向(长边)上划分为三种结构:加铺层/基层板厚度分别为:9/6in(22.9/15.2cm)、7.5/7.5in(19.1/19.1cm)、6/10in(15.2/25.4cm),加铺层与基层板的厚度比 h_o/h_b 分别大于等于小于 1,3 号试验段总体上偏厚 1in (2.5cm)。基层板下为 P154 垫层,土基为中等强度,CBR 处于 7~8。加铺层与基层板之间的沥青隔离层除了隔离还能起到夹层的作用,有利于减小加铺层道面板的板角翘曲。

试验段南北幅对称布置,每侧的结构分区在纵向上包括 6 块 12.5ft (3.8m) 长的道面板,不同区段之间用过渡段隔开;在宽度方向上包括 2 块 12.5ft (3.8m) 宽的道面板,之间用一块板隔开,共形成北侧的 N1、N2、N3 和南侧 S1、S2、S3 共 6 个分区,每个分区包括 12 块道面板。

基层道面板接缝不设传力杆而加铺层无论横缝纵缝均设传力杆。如图 7-2 所示,加铺层纵缝与基层板错缝,横缝有对缝与错开两种形式。南幅试验段荷载采用双轴双轮起落架,北幅采用三轴双轮起落架,基准试验阶段单轮重 50000lbf(226790N),SCI 验证试验阶段单轮重

42500lbf(192770N)。南北幅试验段上两个起落架的轮迹分别沿滑行中心线 ±15in（ ±38.1cm）呈正态分布。

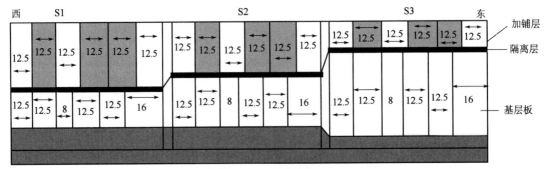

a)道面结构剖面1(东西向)

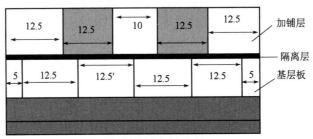

b)道面结构剖面2(南北向)

图 7-1　CC4 试验段结构剖面(尺寸单位:ft)

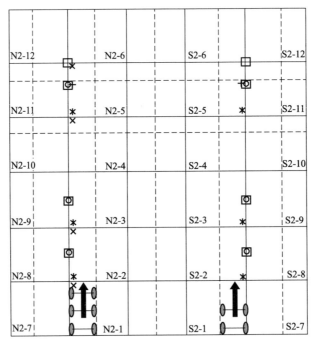

图 7-2　N2、S2 试验段平面布置及荷载

注:实线表示加铺层板缝;虚线表示基层板板缝。

试验阶段及节点见表7-1。试验分为两个阶段,第一阶段是基准试验,试验前的基层板是完好的,主要验证加铺层的道面结构状况模型(曲线)。对加铺层进行重复加载追踪记录加铺层SCI随通行次数的变化,待加铺层SCI降至20左右(除N3)停止加载,做完相关无损检测后将加铺层拆除。第二阶段是在前一阶段残留的基层板上完成的SCI验证试验,主要验证基层板的有效模量模型。与第一阶段不同的是试验前的基层板SCI已不足100。先继续对基层板施加重复荷载以进一步降低SCI,然后施工加铺层,接下来对加铺层进行重复加载追踪记录加铺层SCI随通行次数的变化情况,待加铺层SCI降至较低数值后拆除加铺层,观察记录基层板的破坏情况。

试验阶段及节点　　　　　　　　　　　　　　　　　　表 7-1

阶段	施工内容	开始时间	结束时间
基准试验	土基整备	2005.11.28	2006.1.24
	级配碎石基层施工	2006.1.31	2006.2.2
	基层板传感器安装	2006.2.13	2006.2.17
	基层板施工	2006.2.27	2006.3.10
	基层板测试	2006.3.13	2006.3.16
	安装加铺层传感器	2006.3.20	2006.3.24
	铺设沥青隔离层	2006.3.22	
	加铺层施工	2006.3.27	2006.5.12
	加载至破坏	2006.7.25	2006.10.31
	加铺层拆除	2006.11	2006.12
SCI 验证	继续对基层板加载	2007.1	2007.2.20
	重新铺设沥青隔离层	2007.2.22	
	安装加铺层传感器	2007.2.26	2007.3.9
	加铺层施工	2007.3.12	2007.6.1
	加载至破坏	2007.10.24	2008.4.15
	加铺层拆除	2008.11.24	2008.12.11
	基层板拆除	2009.5	2009.6
	土基测试	2009.5	

试验中还可以了解接缝的布置形式、加铺层/基层板厚度比、隔离层等因素的影响和作用并对FAARFIELD程序的加铺层设计厚度结果做出标定。

试验中加铺层的SCI可随时统计而基层板的SCI只有待加铺层拆除后才能够统计。表7-2表示不同时间节点下加铺层与基层板的SCI与通行次数。

研究人员绘制了裂缝图,追踪记录了加铺层和基层板裂缝的开展情况,形成了五份裂缝图谱:①基准试验阶段的加铺层裂缝;②基准试验阶段里当加铺层移除后的基层板裂缝;③SCI验证阶段开始前基层板结构状况被进一步降低后的基层板裂缝;④SCI验证阶段加铺层裂缝;⑤SCI验证阶段里加铺层被移除后的基层板裂缝。研究这五份裂缝图谱后发现:

基准试验阶段加铺层首先在板边角处出现top-down型裂缝,可能在一定程度上与板的翘曲有关,根据以往经验这类裂缝总是先于 bottom-up 型裂缝出现。接着就出现了以纵向裂缝为主的结构性裂缝。加铺层拆除后基层板也以纵向裂缝为主,但开裂程度比加铺层轻。当荷载相同时,厚度比 h_o/h_u 最小的 3 号试验段的基层板表面状况最好。基层板与加铺层的裂缝在垂直方向并不对齐而是存在一定程度的偏移。

加铺层与基层板的 SCI 与通行次数   表 7-2

试验段	基准试验阶段		SCI 验证阶段		
	加铺层/基层板 SCI	通行次数	基层板 SCI	加铺层/基层板 SCI	通行次数
N1	12/32	5146	25	12/3	15510
N2	21/57	5146	43	29/17	38346
N3	29/87	5146	84	27/26	38346
S1	7/39	12142	23	18/8	33132
S2	17/33	16567	28	66/9	42834
S3	15/93	12142	81	39/23	38346

SCI 验证阶段加铺层最先出现的仍是一条纵向裂缝,但纵向裂缝并非主导,板角裂缝与横向裂缝占有相当的比例。由于基层板在加铺前已遭破坏,N1、N2、S1、S2 区域内加铺层移除后显示基层板的破坏情况比加铺层更严重。只有 N3、S3 区域由于之前基层板遭破坏后的 SCI 仍维持在 80 以上,加铺层移除后发现基层板大都是纵向裂缝,基本都位于荷载作用最频繁的通行宽度范围内且破坏程度比加铺层轻。

7.1.2 CC8 加铺层试验

鉴于 CC4 试验中基层板的 SCI 集中在 20～50 和大于 80 这两档,缺乏 50～80 的数值,为填补这一空白,2017 年 NAPTF 在 CC8 系列试验中专门安排了加铺层试验以重点了解基层板 SCI 在 50～80 时加铺层与基层板的结构退化规律。

CC8 加铺层试验以前一阶段超载试验结束后已破坏的道面板为基层板,CC8 加铺层试验中基层板与加铺层平面如图 7-3 所示,包括南北幅各 10 块道面板。东西方向上仅一种结构,加铺层与基层板厚均为 9in(22.9cm),加铺层与基层板之间设置沥青隔离层,基层板之下为 11in（27.9cm）厚的 P154 垫层,土基 CBR 在 7～8。基层板与加铺层纵缝均设传力杆而横缝不设,加铺层横缝与基层板对缝而纵缝与基层板错开。南幅试验段荷载为双轴双轮起落架,北幅采用三轴双轮起落架,单轮重 55000lbf(249470N),起落架轮迹呈正态概率分布且满足全轮迹偏移特征。道面结构中预埋有测量道面板应力的 EG 应变计、测量基层板与垫层间竖向相对位移的 POT 传感器、测量加铺层与

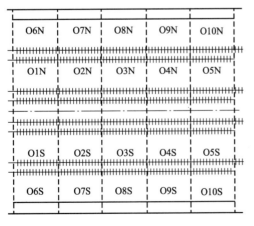

图 7-3 CC8 加铺层试验中基层板与加铺层平面

隔离层竖向相对位移的 ECS 传感器等。

CC8 加铺层试验中的基层板是前阶段超载试验遗留下来的,北侧基层板 SCI 为 79,南侧基层板 SCI 为 68。试验目标是将加铺层 SCI 降至 10 以下,北幅的荷载通行次数为 37290 次,南幅为 29370 次,南幅(双轴双轮)快于北幅(三轴双轮),与 CC4 试验中北侧比南侧退化得快恰好相反(CC4 与 CC8 加铺层试验的荷载完全一致)。考虑到本次南北幅道面结构参数基本一致,南幅的双轴双轮荷载只占到北幅的三轴双轮荷载的三分之二,出现这种异常破坏情况意味着还可能存在别的影响因素。

从加铺层 SCI 的衰退曲线来看,促使南幅 SCI 降低的 11 个病害点中的 5 个都是板角开裂,最早发生的 CB#17 病害点相应的通行次数仅 2000 次不到,而促使北幅 SCI 降低的 6 个病害点中只有 CB#89(通行次数约 20000 次)一处是由板角开裂引起。结合图 7-4 可发现北幅加铺层早期只有一些零星的较细较短的裂纹,南幅较北幅更易发生早期局部破坏,试验中观察到的板角开裂往往是纵向开裂和碎板的先兆。如图 7-4 圈中所示,第③幅图中位于基层板纵缝正上方的纵向裂缝很明显是一条反射裂缝,从开展过程来看这条反射裂缝是由前一阶段的板角开裂(第②幅图)所引发。北幅直到 CB#89 病害点才首次发现板角开裂病害(之前有两处横向开裂病害),SCI 曲线显示从 CB#89 往后南北试验段 SCI 之间的差距逐渐缩小。

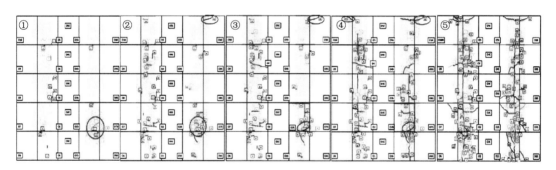

图 7-4   病害追踪记录

南北幅试验段的结构退化过程表现出较大差别,南侧加铺层观察到的病害出现次序为:板角开裂—纵向裂缝—断板,表现出更多的早期病害特征;而在退化过程后期南北幅表现逐渐接近,病害也都以板角开裂与纵向裂缝为主。考虑到加载前北侧基层板的 SCI 为 79 而南侧为 68,表明基层板的结构状况对加铺层的结构状况影响较大,基层板的 SCI 越低加铺层越容易发生早期病害。

7.2   试验结果分析

7.2.1   加铺层 SCI 模型(曲线)验证

CC4 试验中采集的大量的加铺层 SCI-荷载通行次数数据首先被用来绘制加铺层 SCI 曲线,如图 7-5 所示。不难发现加铺层的 SCI 与作用次数之间也基本满足图 1-11 所示的线性衰减规律,由于南幅的双轴双轮荷载小于北幅的三轴双轮荷载,南幅的 SCI 下降的速率比北幅要慢。

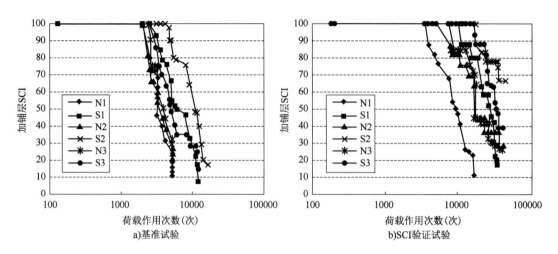

图 7-5　实测加铺层 SCI 随荷载通行次数的变化

在基准试验阶段北幅 N1、N2、N3 相差并不大。南幅由于施加的总荷载较小,降至同一 SCI 的疲劳寿命比北幅长。虽然厚度比 h_o/h_b 不同,但 S1、S3 曲线很接近,厚度比 h_o/h_b 为 1 的 S2 加铺层寿命明显长于前两者。当加铺层破坏时,厚度比 h_o/h_b 最小的 N3、S3 基层板 SCI 分别高达 87 和 93(表 7-2),远大于 N1/S1 的 32/39 和 N2/S2 的 57/33。

SCI 验证试验阶段,由于基层板的 SCI 各不相同,厚度比因素难以单独凸显,但大体上厚度比的减小与基层板 SCI 的提高都有利于提高加铺层的疲劳寿命。基准试验中厚度比 h_o/h_b 引起的 SCI 的差异在北幅并不明显;在 SCI 验证试验阶段,当 $h_o/h_b > 1$ 的 N1 基层板 SCI 降至 25 时,N1 的加铺层最先开裂,加铺层 SCI 最先衰减。南幅的 S1 曲线亦是如此。S3 的 $h_o/h_b <$ 1,基层板 SCI 的初值为 81,加铺层的疲劳寿命明显比 S1 长。最值得注意的仍是厚度比 h_o/h_b 为 1 的 S2,尽管基层板的 SCI 初值只有 28,衰减得却最慢。

从表 7-2 来看基准试验阶段厚度比最小的 3 号试验段的基层板的 SCI 较其余两个试验段高得多,但加铺层的结构状况未见明显改善。厚度比 h_o/h_b 是否能够成为影响加铺层结构受力的独立因素,Ioannides 在理论上作了初步探讨。

假定受圆形均布荷载的道面板直接搁置在弹性地基上,板中最大应力为 $\sigma(h_1, E_1, E_s)$(括号内分别为板厚、板和地基的弹性模量);当在其下设一层基层板(h_2, E_2)时,板中最大应力为 σ_{1L},两者应力比为 $\sigma_{1L}/\sigma(h_1, E_1, E_s)$。根据隔离式双层板的弯曲理论,等效板厚度 h_e 的计算见式(7-1):

$$h_e = \sqrt[3]{h_1^3 + h_2^3 \frac{E_2}{E_1}} \tag{7-1}$$

图 7-6 表示应力比 $\sigma_{1L}/\sigma(h_1, E_1, E_s)$ 与 η_e^2/h_1^2 的关系曲线,图中横坐标 η_e^2/h_1^2 的计算见式(7-2):

$$\frac{\eta_e^2}{h_1^2} = \frac{h_e^3}{h_1^3} = 1 + \left(\frac{h_2}{h_1}\right)^3 \frac{E_2}{E_1} \tag{7-2}$$

厚度比 h_1/h_2 越小 η_e^2/h_1^2 越大，横坐标 η_e^2/h_1^2 增大的方向是厚度比 h_1/h_2 减小的方向。

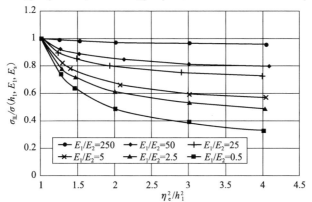

图 7-6 最大应力折减值与有效厚度比之间的关系

可见应力比随着 η_e^2/h_1^2 的增大(或厚度 h_1/h_2 的减小)而减小，横坐标相同时上下层道面板的模量比越小应力比越小，减小厚度比 h_1/h_2 确实有利于减小应力比，但当 $\eta_e^2/h_1^2 > 2$ 以后应力比降低的速率明显减小，曲线往后渐趋平缓，表明应力比降低的速率随着基层板厚度的提高而逐渐降低。另一方面也要看到增大基层板厚度的作用仅仅在于减小这个无量纲的应力比 $\sigma_{1L}/\sigma(h_1,E_1,E_s)$ 而不是直接减小应力 σ_{1L}，为了使 h_1/h_2 减小而片面减小 h_1，将导致单层板的板底应力 $\sigma(h_1,E_1,E_s)$ 变大，最终的 σ_{1L} 却不一定减小，因此厚度比并不能独立地决定加铺层应力 σ_{1L}，也不能独立地决定加铺层 SCI。换句话说，加铺层结构状况除了跟厚度比有关外，还与加铺层厚度 h_1 有关，毕竟减小应力比不能等同于减小加铺层板底拉应力，这在一定程度上解释了为何各试验段加铺层 SCI 未按厚度比因素表现出一贯的规律。

接着考察加铺层 SCI 与标准化作用次数 $C_N[(C-C_0)/(C_F-C_0)]$ 的关系并与 Rollings 提出的单层道面板 C_N-SCI 关系曲线相比较。图 7-7 表示 CC4 和 CC8 加铺层试验中加铺层 SCI 的退化速率曲线，可以看出加铺层 SCI 与 C_N 近似呈线性关系，整个过程中加铺层 SCI 的退化速率几乎不变，而不是 Rollings 的抛物线形式，表明加铺层 SCI 衰减速率比单层道面板要慢，这是因为虽然基层板的结构状况在不断下降，但比起土基或粒料对道面板的支承作用还是更胜一筹，Rollings 退化速率曲线并不适合加铺层。

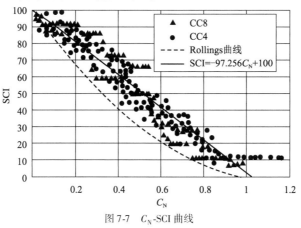

图 7-7 C_N-SCI 曲线

7.2.2 基层板有效模量验证

由于受到试验条件的限制,Rollings 用于建立有效模量模型的六块道面板直接搁置在土基上,道面 SCI 统计的是单块板,裂缝病害发生率固定在 50%,模量反演时拟合的是弯沉盆中心点处的弯沉而不是整个弯沉盆形状曲线,本轮试验的另一项任务是验证 Rollings 提出的有效模量模型。

基层板上的 HWD 测试在基准试验和 SCI 验证试验中共进行四次:第一次在基层板完工后,第二次在加铺层破坏移除之后,第三次在基层板继续破坏之后,第四次在加铺层再次破坏移除之后。SCI 取每个试验段内侧 6 块板模量的平均值,共获得 6×4 共 24 个数据点,采用更精确的弯沉盆面积拟合法反演基层板的弹性模量,得出的有效模量与实测 SCI 的关系如图 7-8 所示。可以看出 SCI 较小的点基本都位于曲线之上,可能是室内环境比当年的室外环境要好;另一方面,设计更关心的 SCI 较高的点位却大都位于曲线之下,表明 SCI 较高时的基层板退化得较原 Rollings 曲线要快,为此可采用一种双线性表达式进行修正,见式(7-3):

$$\begin{cases} R = 0.027\text{SCI} - 1.7108, \text{SCI} \geqslant 80 \\ R = 0.0027\text{SCI} + 0.2823, \text{SCI} < 80 \end{cases} \tag{7-3}$$

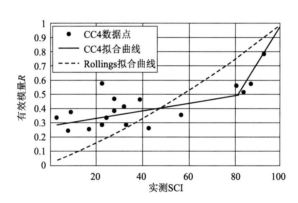

图 7-8　实测 SCI 与有效模量 R 的关系

7.2.3 对缝与错缝的表现

加铺层与基层板的接缝有对缝与错缝两种布置形式。对于不设隔离层的加铺层 6G 允许缩缝直接置于基层板的接缝之上,或者距离基层板接缝 1ft(0.3m)之内。对于设有隔离层的加铺层则无须考虑对缝。

一般来说对缝能够保证基层板为加铺层道面板提供一个连续的支承条件,而错缝能够提高加铺层接缝的传荷能力。CC4 试验中研究人员发现当基层板完好时加铺层道面板的完整性、接缝传荷效率、中心点弯沉在对缝与错缝下表现得并无二致;但当基层板不再完好 SCI 已降至 80 以下,错缝的综合表现好于对缝。但在 CC8 加铺层试验里,研究人员观察到纵缝错峰后从基层板纵缝位置反射到加铺层上来的反射裂缝。CC8 加铺层试验中的加铺层横缝与基层板横缝采用对缝布置,通过对横缝传荷效率的跟踪监测发现,在 10000 次通行次数之前横缝的传荷效率 LTE_δ 下降得较慢,当通行次数超过 10000 次之后横缝的传荷效率迅速降低,接缝的传荷效率与加铺层 SCI 几乎同步降低,这一现象可能与基层板的结构性能已遭破坏有关,当 SCI 降至 10 时 LTE$_\delta$ 最终停留在 55% ~65%。

7.2.4 加铺层底脱空的发展

CC8 加铺层试验中 HWD 弯沉测试结果显示加载结束后北幅和南幅加铺层均在板角出现了板底脱空,北幅程度较轻仅一块板出现脱空,南幅除一块板没发现明显板底脱空外其余板块均发现了板底脱空,有的板块甚至脱空严重。

脱空现象反映了基层板对加铺层支承的弱化,加铺层的大部分早期病害都与之相关,可以断定随着加铺层结构状况的退化脱空病害也进一步发展,实测数据表明加铺层脱空大小在一定程度上受基层板结构状况决定,基层板 SCI 越高抵制脱空的能力也越强。

第8章

刚性道面上的沥青加铺层足尺试验

跑道加盖目前已成为水泥混凝土跑道维养大修的常用手段,调查发现沥青加铺层容易出现包括开裂和轮辙在内的早期病害,尤其是反射裂缝病害一直困扰着工程界。沥青加铺层的反射裂缝一方面造成了加铺层结构未达设计年限而过早地失去使用功能,裂缝的开展又形成了雨水下渗通道,导致原有道面结构损坏;另一方面沥青材料因开裂而出现的局部松散材料成为 FOD 的主要来源,威胁飞行安全,降低机场的运行效率。国内外对反射裂缝进行过大量的研究,从力学分析和材料试验的角度切入,重点分析温度或飞机荷载因素对反射裂缝的影响,但不能深入到裂缝产生扩展的机理层面,对反射裂缝的产生扩展规律仍存在认识上的误区,一直以来都未能建立起有针对性的设计方法,从前面的介绍可以看出加铺层的经验设计方法和力学设计方法都未能考虑反射裂缝这种破坏模式。

为深入了解反射裂缝的产生扩展机理,建立反射裂缝深度与交通量、环境、道面结构间的关系模型,为沥青加铺层设计提供更理性的设计方法,NAPTF 开展了一项为期 10 年的反射裂缝足尺试验研究。

8.1 反射裂缝形成机制

8.1.1 反射裂缝的成因

复合式道面沥青加铺层中的反射裂缝大都由水泥混凝土旧道面上的接缝或裂缝所致,分为张拉型或剪切型,或者是两者的混合。张拉型反射裂缝的产生有以下两种方式:

(1)温度变化导致接(裂)缝两侧的水泥混凝土道面板反复热胀冷缩,引起接(裂)缝的水平位移使加铺层中出现拉应力,如图 8-1a)所示;

(2)起落架轮载作用于接缝位置引起局部应力集中,导致接(裂)缝处加铺层中出现拉应力,如图 8-1b)所示。

剪切型反射裂缝的产生有以下两种方式,如图 8-2 所示:

(1)温度梯度导致接(裂)缝两侧的水泥混凝土道面板发生板边翘曲,产生的垂直相对位移使加铺层中同时产生拉应力与剪应力,如图 8-2a)所示;

(2)起落架作用导致接(裂)缝两侧的水泥混凝土道面板产生板边垂直相对位移,使加铺层中同时产生拉应力与剪应力,如图 8-2b)所示。

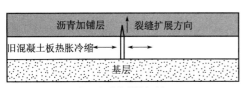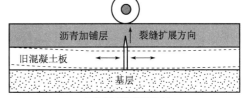

a)温度诱发裂缝机制　　　　　　　　　　b)荷载诱发裂缝机制

图8-1　张拉型反射裂缝形成机制(不计翘曲)

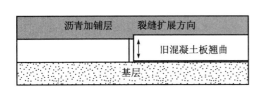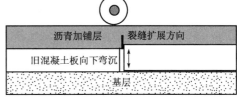

a)温度诱发裂缝机制　　　　　　　　　　b)荷载诱发裂缝机制

图8-2　剪切型反射裂缝形成机制

当加铺层底的拉应力剪应力超过沥青混合料的抗拉抗剪强度时,裂纹就会从底部萌生并逐渐向表面扩展,最终反射到表面形成反射裂缝。

可见反射裂缝萌生扩展的根本原因是接(裂)缝的水平与垂直运动,其他影响因素包括旧道面的结构性能、沥青混合料材料属性、旧道面板在接缝处的传荷条件、防止减缓反射裂缝的措施等。

反射裂缝破坏过程包括裂缝从底部萌生、扩展至表面和贯通道面发生整体破坏三个阶段,通常难以分开。微观裂缝起初不可见,裂缝部位产生应力集中,裂缝随之继续增多变宽,受力的有效截面减少,直至反射裂缝贯通整个加铺层。习惯将结构层出现第一条竖向贯通的反射裂缝或者当裂缝开展到定义的关键深度作为反射裂缝疲劳开裂破坏的标志。加铺层基于反射裂缝的疲劳寿命 N_{total} 由裂缝萌生寿命 N_{ini} 和扩展寿命 N_{f} 两部构成,见式(8-1):

$$N_{\text{total}} = N_{\text{ini}} + N_{\text{f}} \tag{8-1}$$

裂缝萌生寿命 N_{ini} 和扩展寿命 N_{f} 均与加铺层厚度有关,故加铺层疲劳寿命可认为是加铺层厚度的函数,反射裂缝的起裂作用次数(裂缝萌生寿命) N_{ini} 远小于荷载引起的疲劳开裂的起裂次数,加铺层通常在建成后不久即萌生反射裂缝,因此加铺层疲劳寿命主要由裂缝扩展寿命 N_{f} 构成。

8.1.2　反射裂缝的类型

研究断裂的主要理论是断裂力学,断裂力学将开裂分为三类,如图8-3所示:

(1) Ⅰ型开裂:张开式开裂,外力与开裂面正交,裂口呈楔形张开;

(2) Ⅱ型开裂:滑动式开裂,外力在开裂平面内,垂直于开裂边缘,开裂面两侧产生相对滑动;

(3) Ⅲ型开裂:撕裂式开裂,外力在开裂平面内形成剪力,沿开裂面撕裂。

接缝水平运动产生的裂缝属于Ⅰ型开裂,垂直运动产生的裂缝属于Ⅱ型开裂,Ⅲ型开裂并不多见。

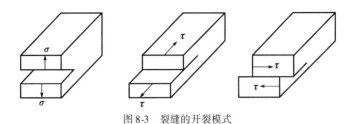

图 8-3 裂缝的开裂模式

8.1.3 相关物理参数和指标

描述开裂行为的物理量有：

（1）裂缝长度 a；

（2）裂缝扩展速率（CPR）：$\dfrac{\mathrm{d}a}{\mathrm{d}N}$；

（3）起裂作用次数（裂缝萌生寿命）N_{ini}：微观裂隙合并成宏观裂缝的作用次数，也称裂缝萌生作用次数；

（4）裂缝扩展作用次数（扩展寿命）N_{f}：裂缝萌生后向上扩展至加铺层表面或关键深度时的作用次数；

（5）疲劳破坏作用次数（疲劳寿命）N_{total}：裂缝扩展至表面或关键深度的作用次数，是起裂作用次数与裂缝扩展作用次数之和；

（6）整体破坏作用次数 N'：裂缝反射至加铺层表面后逐渐在水平方向上贯通一块道面板宽度形成连续裂缝的作用次数；

试验中的控制指标和其他力学指标有：

（1）驱动荷载：由加载液压系统提供的使水泥混凝土板发生指定水平位移的荷载。

（2）水平位移：接缝的水平相对位移，有线性和正弦式位移两种。

（3）荷载降速 LRR、抗裂指标。

当采用室内 OT 试验进行断裂研究时会用到荷载降速 LRR 和抗裂指标 CRI。图 8-4 是加载过程中典型的荷载峰值衰减曲线，用指数方程表示，见式（8-2）：

$$P = aN^{0.0075\beta-1} \tag{8-2}$$

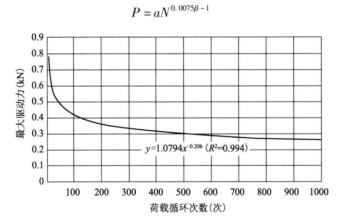

图 8-4 荷载峰值衰减曲线

将 $-(0.0075\beta-1)$ 定义为荷载降速 LRR，LRR 越大荷载峰值降速越大；将 β 定义为抗裂指标，它反映了试件抵抗开裂的能力，β 越大抗裂能力越强。曲线形态主要反映在指数 β 上，β 越小荷载峰值降速越大。

（4）应力强度因子 SIF。

断裂力学中描述断裂的 Paris 公式见式(8-3)：

$$\frac{\mathrm{d}a}{\mathrm{d}N} = A\left(\Delta K\right)^{n} \tag{8-3}$$

式中：a——裂缝长度；

　　　N——荷载作用次数；

　　　ΔK——应力强度因子增幅；

　　　A、n——与材料及试验条件有关的常数。

计算应力强度因子 SIF 的经验公式见式(8-4)：

$$\mathrm{SIF} = 0.2911 \times E \times \mathrm{MOD} \times c^{-0.459} \tag{8-4}$$

式中：E——沥青混合料动态弹性模量(ksi)；

　　MOD——接缝最大水平位移(mil)；

　　　c——裂缝长度(mil)。

（5）开裂应变：沥青加铺层内部发生宏观断裂的材料应变，与深度和温度有关。由于沥青材料的黏弹性质，沥青层的开裂应变可定义为应变从缓慢增长到快速增长的临界点处的应变，可采用如图 8-5 所示的作图法确定，分别在应变低速和高速增长阶段作曲线的切线，两条切线的交点就是临界点的开裂应变。

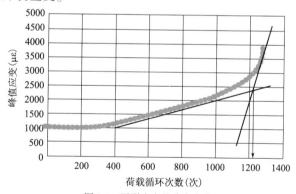

图 8-5　开裂应变的确定方法

（6）断裂能 G_c、应变能 U。

从能量角度出发裂缝的扩展需要消耗能量，足尺试验中断裂能 G_c 为某个加载循环中水平力位移曲线与横坐标及位移峰值所围成的面积，如图 8-6 中阴影所示。

外力对物体所做的功转化成物体的应变能 U，将沥青混合料近似为线弹性体，每个加载过程中沥青层单位体积上的应变能密度 u 的计算见式(8-5)：

$$u = \frac{1}{2}\varepsilon\sigma \tag{8-5}$$

式中：ε、σ——单位厚度上的应变和应力，足尺试验的加载过程中 ε 可取同一断面的底部、中部与上部应变计读数的平均值，σ 可用伺服系统提供的水平力除以沥青层的横截面积得到。

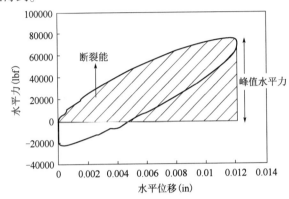

图 8-6　断裂能计算方法

单位面积上开裂前的应变能 U 的计算见式(8-6)：

$$U_{\text{undamaged}} = ud = \frac{1}{2}\varepsilon\sigma d \tag{8-6}$$

式中：d——沥青层厚度。

开裂后应变能 U_{damaged} 的计算见式(8-7)：

$$U_{\text{damaged}} = \frac{1}{2}\varepsilon\sigma d' \tag{8-7}$$

式中：d'——开裂后沥青层的有效厚度，即未开裂部分的厚度，可根据裂缝扩展深度取 d 或 $d/2$。

应变能和断裂能在被用作开裂的判据和构建裂缝扩展模型方面有独到之处。

8.1.4　温度变化对反射裂缝的影响

综上所述，反射裂缝的形成主要归因于温度和轮载，温度变化是造成接缝水平位移的根本原因。气温有周期较长的季节性变化和周期较短的日变化，由于加铺的沥青混合料是一种黏弹性松弛材料，气温的季节性变化会引起材料松弛，从而消解了部分拉应力。最应引起重视的是气温的日变化，水泥混凝土道面板在日气温的变动下频繁伸缩，发生的相对位移同板块尺寸、材料的热膨胀系数、气温变化幅度成正比。对沥青混合料来说由于温度变动剧烈，材料来不及松弛，沥青层中的拉应力来不及释放，导致反射裂缝产生。同时沥青混合料又是一种低温脆性材料，在低温情况下会发生硬化从而导致低温开裂，因此反射裂缝生成的最不利情况是较大的日降温叠加上极端低温，它至少产生如下三种效应：①较大的日降温引起的接缝较大的水平位移，在加铺层底产生拉应力；②水泥混凝土道面板在降温过程中由于温度梯度发生向上翘曲，引起接缝竖向位移，在加铺层中同时产生拉应力和剪应力；③由于极端低温在加铺层材料中产生拉应力导致发生低温开裂，加铺层表面的低温开裂拉应力最大，但就总拉应力来说仍是加铺层底最大。

8.2　反射裂缝的足尺试验模拟

反射裂缝足尺试验研究分为室内和室外两个阶段。室内试验旨在模拟反射裂缝的温度诱导机制,建立裂缝萌生扩展的力学模型,将沥青加铺层厚度与荷载作用次数、环境温度、现状道面板状况等变量相关联;室外试验是在室外真实的温度和湿度环境下对加铺层施加起落架荷载,目的是对基于室内试验得到的结论和模型进行验证。

8.2.1 温度诱发机制的试验原理

研究反射裂缝的温度诱发机制关键要在试验中找到等效的替代因素以实现温度效应的等效转化。如前所述,温度对反射裂缝的影响集中体现在接缝开口宽度的变化,若能实现接缝在其他驱动因素之下像在温度变化之下那样进行周期性开闭,就成功实现了这种等效转化。FAA 采用的温度效应等效系统原理如图 8-7 所示,两块道面板一块静止,对另一块施加周期性变化的水平力以精确控制接缝的水平位移,这样由温度变化产生的水平位移被人为控制的外力产生的水平位移所代替。

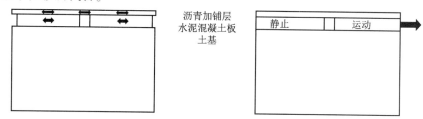

图 8-7 温度等效外力原理

试验段由两块 15ft × 15ft(4.6m × 4.6m)大小的水泥混凝土道面板组成,中间由一道 0.25in(0.6cm)宽的施工缝(无传力杆)隔开。道面板直接搁置于土基上,以隔离层隔开以减小摩阻力,但为保证沥青加铺层与道面板之间的有效黏结避免滑移,水泥混凝土表面拉毛后均匀撒布一层沥青黏层油(黏层油与加铺层沥青均采用 PG64-22)。道面结构从上至下为:5in(12.7cm)的沥青混凝土、12in(30.5cm)的水泥混凝土、250in(635.0cm)厚的土基。5in 的加铺层厚度一方面考虑到可分为两层 2.5in(6.4cm)进行摊铺;另一方面根据前期调查,沥青加铺层过厚[6in(15.2cm)以上]或过薄[小于 3in(7.6cm)]都易于引起除反射裂缝外的次生裂缝,过厚会引发 top-down 型裂缝,或者诱发其他形式的破坏,或者产生多余反射裂缝,不便于人为控制,因此 5in(12.7cm)的厚度较为适中。

8.2.2 试验设备

室内试验的主要设备是 NAPTF 专门开发的温度模拟系统(TESS),如图 8-8 所示。该系统包括伺服液压和冷却保温两个子系统:由液压装置提供水平力代替温度对接缝施加可精确控制的水平位移,系统能提供的最大水平力可达 700000lbf(3175140N);冷却子系统主要由埋设于水泥混凝土板中不同深度处的三层冷凝管组成,使道面板内部保持恒定的温度,保证板体均匀伸缩防止翘曲,同时使加铺层底部温度保持恒定。TESS 系统是室内足尺试验得以成功的重要保证。

室外加载设备是如图 8-9 所示的一套由室内的加载车辆改进而来的 HVS-A 室外飞机荷载模拟系统,全长 121ft(36.9m)、宽 16ft(4.9m)、高 14ft(4.3m),有单轮[最大轮载 100000lbf(453590N)]和双轮[最大单轮载 50000lbf(226790N)]两种形式,可以模拟飞机滑行时的轮迹偏移行为。

图 8-8　TESS 的伺服液压系统与冷却保温系统

图 8-9　HVS-A 室外飞机荷载模拟系统

8.2.3　试验温度

如前所述,试验温度应模拟最不利的最大气温日降幅与最低日气温叠加的情况。为确定试验温度,研究人员先进行了全美范围内的气温调查,然后在这些资料基础上借助数值模拟得出加铺层结构中的温度场分布模型,作为确定试验温度的依据。为了使调查样本具有普遍性,研究人员从每个气候分区(全美分为十大气候分区)中选择出一个有代表性的机场,按月进行日气温数据统计包括每月最高日气温、每月最低日气温和每月日温差。对这 10 个机场进行调查发现日温差最大的季节出现在春秋两季,通常在每年的 4 月和 8 月。将气温转化为道面结构层的温度要靠道面结构温度场增强型综合气候模型(EICM)系统来实现。EICM 的前身是伊利诺伊州立大学的 Dempsey 和 Thompson 共同开发的路面温度场预估模型(CMS),后被集成到综合气候模型(ICM)系统,最后改进成被美国路面力学经验法设计指南所采纳的 EICM 系统。EICM 拥有全美和加拿大的 800 多个气象站的分时气象数据资源,把太阳辐射量、日照率、分时气温、风速和路面材料热参数(包括导热系数、热容量和路面表面吸附率等数据)输入系统之后,系统可自动计算不同时刻路面不同深度下的温度值。

利用 EICM 系统对选出的 10 个机场的复合式道面的温度场进行了数值模拟,最后决定将水泥混凝土道面板温度控制在 32℉(0℃),当模拟极端低温时日温差的参考控制温度为 17℉(−8.3℃)。根据实测结果发现温度在加铺层中起伏较大而在水泥混凝土中则要小得多,因此试验中可假设水泥道面板中温度沿厚度均匀分布,加铺层底面的温度与水泥道面板的温度基本一致。

8.2.4 数值仿真模拟

温度变化在接缝处产生的最大水平位移在试验前经模拟仿真后确定。单幅和双幅加铺层道面结构的三维有限元模型如图 8-10 所示,沥青加铺层与水泥混凝土板之间按完全黏结考虑而水泥混凝土道面板与土基之间则完全光滑,与设计保持一致;水泥混凝土与加铺层在水平方向的位移边界条件均为自由。除输入各结构层常规的力学几何参数外,还要输入材料的热力学参数如热膨胀系数、比热容、导热系数。沥青混凝土作为一种黏弹性松弛材料,建模时采用 Max-well 应力松弛单元,它的模量是温度和加载频率的函数。复数模量 E^* 的计算见式(8-8):

$$E^* = E' + iE'' \tag{8-8}$$

式中:E'——复数模量的实部,称为存储模量,对应于复数模量的内相位;

E''——复数模量的虚部,称为损耗模量,对应于复数模量的外相位。

E' 可表示为式(8-9):

$$E' = |E^*|\cos\varphi \tag{8-9}$$

式中:$|E^*|$——动态模量,要根据温度到模量-频率主曲线上读取;

φ——相位角。

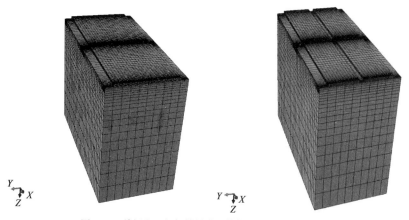

图 8-10 单幅和双幅加铺层道面结构的三维有限元模型

模拟分两步:第一步是热力学模拟,输入平均最低日气温值、最大日温差值,有限元程序得出的接缝水平位移约为 15mil(0.38mm),沥青层底最大拉应力为 363psi(2.50MPa),接缝周围的剪应力峰值为 5psi(0.034MPa);第二步是力学模拟,用外力替代温度后将接缝的水平位移也控制在 15mil(0.38mm),这时加铺层底的最大水平拉应力、接缝周围的最大剪应力与上一步中的数值非常接近,两种工况下的加铺层受力情况基本一致,于是在正式试验中接缝开口的水平相对位移取较接近的 12mil(0.30mm)。

8.2.5 室内试验

室内试验除了用来获取沥青混合料的动态模量等材料属性之外,也可以为后续足尺试验试验参数的取值积累经验。室内试验项目包括测试反射裂缝疲劳寿命的拉伸疲劳试验(OT 试验)、测试层间黏结强度的抗剪试验(BSST 试验)、测试断裂能量的直接拉伸断裂试验(DC 试验)、测试混合料蠕变性能和拉伸强度的间接拉伸试验(IDT 试验)等。

图 8-11　Texas Overlay Tester 试验装置

国际上通行的研究反射裂缝疲劳寿命的室内试验是拉伸疲劳试验（OT 试验），试验装置如图 8-11 所示。试件长 6in（15.2cm）、宽 3in（7.6cm）、厚 1.5in（3.8cm），可从钻取的芯样中切割出来。试样安装在一块固定一块可动的两块钢板上，可通过精确控制钢板缝隙的水平位移模拟温度效应。为了与足尺试验一致，室内试验的温度控制在 32℉（0℃）、最大水平位移 15mil（0.38mm）；加载周期分别取 30s、60s、120s。

线性位移的加载速率（mil/s）对破坏作用次数会产生较大影响，足尺试验所选择的两个线性位移加载速率 0.10mil/s（0.0025mm/s）和 0.05mil/s（0.0013mm/s）在 OT 试验中对应的破坏作用次数分别为 1150 次和 5250 次。

为保证沥青加铺层在反射裂缝破坏之前不会发生与水泥混凝土道面板之间的层间接触破坏，可通过抗剪试验（BSST 试验）测试其层间抗剪强度，试验装置如图 8-12 所示。当芯样层间的剪应力下降到峰值的 20% 则认为出现剪切破坏。从试验结果来看，剪应力的峰值达 60psi（0.41MPa），远超出 5psi（0.034MPa）的最低抗剪强度要求，表明道面板表面拉毛后再喷涂黏层油的施工工艺能够产生足够的层间黏结强度。

图 8-12　BSST 试验装置

直接拉伸断裂试验（DC 试验）是为了测试使试样发生断裂所需的能量密度。直接拉伸断裂试验装置如图 8-13 所示，对试样施加直接拉伸荷载迫使其发生断裂，加载过程中使裂缝开口位移速率保持在 1mm/min，当荷载峰值降至初值的 83% 认为试样破坏，若在第 1000 次加载后仍未断裂则停止试验。断裂能量的计算见式（8-10）：

$$G_f = \frac{A_f}{TL} \qquad (8\text{-}10)$$

式中：A_f——发生断裂时的加载曲线与横坐标围成的面积，如图 8-6 中的阴影区域所示；

　　　T——试样厚度；

　　　L——试样拉伸断面的宽度。

本次钻取芯样的 G_f 测试结果达到 $533J/m^2$。

动态模量试验目的是测试沥青混合料在不同温度和加载频率下的动态模量,绘制标准温度下的模量-频率主曲线,动态模量试验装置如图 8-14 所示。试验温度分别设定在 $-10℃$、$4℃$、$21℃$、$37℃$、$53℃$,频率分别设定在 $25Hz$、$10Hz$、$5Hz$、$1Hz$、$0.5Hz$、$0.1Hz$。

图 8-13 直接拉伸断裂试验装置

图 8-14 动态模量试验装置

根据沥青材料的加载频率(周期)-温度叠置原理,由于沥青混合料在加载频率或温度变化时的分子松弛过程是相同的,不同频率和温度下的动态模量值可以相互叠置。换句话说,在高频率和高温时的松弛过程可以在低温和低频率时复制,由不同的频率和温度组合可以得到相同的动态模量值。转换成参考温度下的加载频率 f_r 可由 T 温度时的原始频率 f 除以 T 温度时的移位系数 $a(T)$ 得到,f_r 的计算见式(8-11):

$$f_r = \frac{f}{a(T)} \tag{8-11}$$

间接拉伸试验(IDT 试验)被用来测定沥青混合料的间接拉伸强度和蠕变性能,试验装置如图 8-15 所示。利用加载频率(周期)-温度叠置原理同样可以绘出蠕变模量-频率主曲线。

图 8-15 间接拉伸试验装置

8.2.6 传感器和试验装置校验

反射裂缝起初往往先以微观裂纹的形式出现,然后逐渐合并成肉眼可见的宏观裂缝,这个过程只有借助于仪器识别,为了捕获反射裂缝尖端开裂区的材料力学行为,需要在施工时提前埋设各种传感器,包括布设于沥青层表面的 SG 应变计和沥青层内部的 EG 应变计、监测裂缝生成的 CD 探测计,以及监测温度的 T 传感器,传感器布设的平面立面如图 8-16 所示。这些传感器大都布设在反射裂缝最易出现的接缝正上方的沥青层表面和侧面,方向垂直接缝。但在施工和试验中预埋在沥青层内部的 EG 应变计损坏失效的情况时有发生,大部分是施工中的分层碾压工序造成的,而贴在表面和边缘侧面的 SG 应变计由于不受施工影响存活率较高,但即便是未损坏的应变计读数也可能出现失真和谬误,因而在正式使用前先要对位移加载系统及这些传感器进行初步的校验和测试,数据解读时更要辨伪存真。

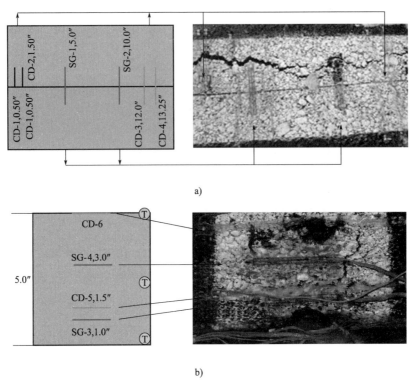

a)

b)

图 8-16 传感器布设的平面立面

1. 应变计的校验

图 8-17 是 SG 应变计和 CD 探测计在开裂过程中记录的数据,从中可以看出以下规律:①横跨裂缝的 SG2 记录到的信号突然增大;②距离裂缝较近但没有横跨裂缝的 SG1 和 SG3 记录到的信号突然陡降;③距离裂缝较远的 SG4 记录到的信号一直比较稳定;④6 个 CD 探测计中除了 CD6,其余出现陡降的探测计均检测到裂缝的产生。

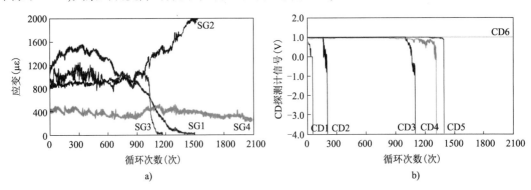

a)

b)

图 8-17 传感器响应

在试验中曾发生过沥青层内部的 EG 应变计改变裂缝扩展方向的情况。正常的反射裂缝应是自下往上开展的,但在靠近内边缘的钻芯上却观察到一种相反的从表面萌生往下开展到距离加铺层底部 2.5in(6.4cm)深度的 top-down 型开裂。进一步对芯样进行切割后发现穿越 EG 应变计的裂缝都是 bottom-up 型,而 top-down 型裂缝正好位于两个应变计之间,可能与局部应力场受到应变计的干扰有关。

2. TESS 液压加载系统校验

试验性加载设定的最大水平位移为 15mil(0.38mm),采用 0.05mil/s(0.0013mm/s)的加载速率进行线性加载,加载时间为 300s。为了使沥青混合料充分松弛,当水平位移达到峰值后继续保持,这个过程的加载水平力位移曲线如图 8-18 所示:当达到最大水平位移 15mil(0.38mm)时,加载伺服系统的水平力达到峰值 25000lbf(113400N)后迅速下降,经过一个缓慢的减少过程后稳定在 10000lbf(45360N)左右。

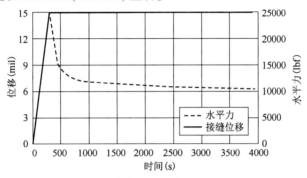

图 8-18　加载水平力、位移-时间曲线

对温度传感器的监测结果发现,尽管室内温度高达 80℉(26.7℃),然而沥青层与水泥混凝土界面上的温度始终基本稳定在 32℉(0℃),表明 TESS 的冷凝保温系统是有效的,可阻止混凝土板翘曲。不过虽然试验全程沥青层底温度保持在设定值,但沥青层表面暴露在大气环境中因而层内形成负的温度梯度。若需要模拟极端低温的情况,或者当沥青层较厚[超过 5in(12.7cm)]需控制温度梯度以减小层内温度应力,可用隔热材料对沥青层表面进行苫盖以尽量降低沥青层的温度。

8.2.7　位移加载方式

为找到合适的位移控制模式,消除加铺层底残余压应力的干扰,事先需借助有限元程序进行数值模拟,然后进行验证性加载。足尺试验采用对称布置的两幅试验段,沥青加铺层之间由一道宽 1ft(0.30m)的间隙隔开,双幅的三维有限元模型如图 8-10 所示。模拟结果显示双幅与单幅模型层间应力分布的差异很小。

模拟温度效应最重要的试验参数是水平位移。水平位移除了如图 8-18 的线性加载方式外,还有更接近实际的模拟温度周期性变化的正弦周期加载方式,其计算见式(8-12):

$$d(t) = D\sin^2\left(\frac{\pi}{2} + \frac{\pi t}{T}\right) \tag{8-12}$$

式中:D——最大水平位移;

　　T——周期;

　　t——加载时间。

正弦加载方式假设了三种加载时间和水平位移组合 150s/12mil(0.30mm)、300s/14mil(0.36mm)、600s/15mil(0.38mm),模拟结果显示加铺层底压应力与加载时间的关系如图 8-19 所示,式(8-12)这种无间歇时间的加载方式会在层间导致一定的压应力残留,残留的压应力要经过较长的一段时间才能够消散。而在实际情况中气温的变化所导致的接缝的开合是一个相对缓慢的过程,沥青层底的压应力有足够的时间消散,难以影响到接缝的水平位移,应想办法消除或减小试验中的残余压应力,于是将间歇时间 R 引入位移-时间关系式,见式(8-13):

$$d(t) = D \sin^2\left(\frac{\pi}{2} + \frac{\pi t}{T}\right) + R \qquad (8-13)$$

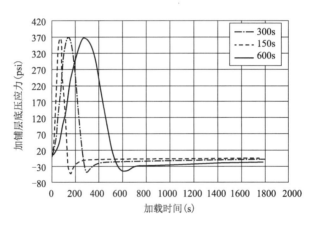

图 8-19　加铺层底压应力与加载时间的关系

对于表 8-1 中的各种加载时间和间歇时间组合,正弦加载方式的模拟结果显示残余压应力随着间歇时间的增加而减小,当加载/间歇时间为 150/600 组合时几乎可消除沥青层底残存的压应力。试加载发现采用 150/600 组合的残余水平力仅 9000lbf(40820N),与无间歇时间的残余水平力 20000lbf(90710N)相比,层间压应力大幅度减小,考虑还要将试验耗时控制在合理区间内,这个残余水平力也是可以接受的,因此足尺试验采纳了这一组合。

不同间歇时间的有限元模拟结果　　　　　　　　　　　　表 8-1

编号	周期(s)			接缝位移 (mil)	最大拉应力(psi)		最大压应力(psi)	
	加载时间	间歇时间	总周期		初值	终值	初值	终值
1	600	0	600	15	367	245	40	146
2	600	300	900	15	367	291	29	89
3	300	0	300	14	368	243	39	144
4	300	300	600	14	368	314	14	96
5	300	600	900	14	370	339	14	38
6	150	0	150	12	369	248	42	151
7	150	150	300	12	371	309	−7	45
8	150	300	450	12	371	328	−9	25
9	150	600	750	12	371	342	−10	−9

8.3 试验结果分析

加铺层第一轮足尺试验于 2012 年 5 月开始,仅是检验试验装置、了解设备性能、确定位移加载方式,正式的足尺试验从第二轮开始,室内共开展 5 轮,室外共开展 3 轮。

8.3.1 裂缝萌生部位与扩展速率

第二轮室内足尺试验从 2013 年 1 月 24 日开始,控制接缝最大水平位移为 12mil (0.30mm)、周期为 750s(150/600),2013 年 3 月 8 日在表面观察到如图 8-20 所示的贯通裂缝,沥青层完全破坏,总共加载了 4869 次。从反射裂缝外观上看,都属于 I 型张拉裂缝,表明在接缝水平位移诱发的开裂中张拉型开裂占主体。

反射裂缝最先从两幅试验段靠近外边缘的底部萌生(图 8-20 中两处标出的位置,图中的编号表示不同位置处的传感器陆续记录到的开裂次序)。从南北两幅试验段裂缝开展情况来看,由于施工和材料的变异性,它们的开裂行为并不完全对称。然而破坏过程从宏观上大体可分为三个阶段:最先观察到裂缝的部位是外边缘,从传感器记录第一条反射裂缝萌生到沥青层外边缘首次肉眼观察到可见的贯穿型裂缝,对应于图 8-22b)中的第 I 阶段;随着裂缝逐步向内边缘开展,到内边缘侧面出现首条肉眼观察到的贯穿型裂缝为止,对应于图 8-22b)中的第 II 阶段,此时裂缝已经在沥青层内部横向贯通,沥青层已遭破坏;继续加载至 4869 次,表面的裂缝贯通沥青层完全断裂成两段,对应于图 8-22b)中的第 III 阶段。

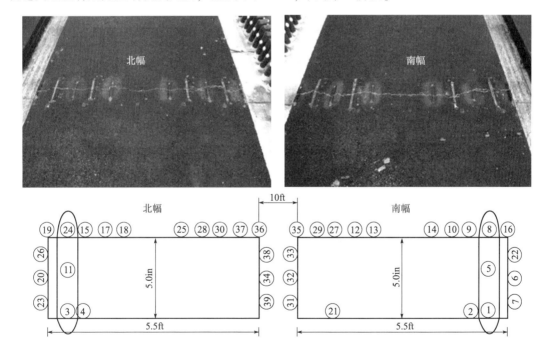

图 8-20　第二轮室内足尺试验中反射裂缝破坏及传感器布设

从试验中陆续记录到的不同深度的开裂情况来看,裂缝一旦萌生后,裂缝同时在垂直和横向两个方向上扩展。图 8-21 表示裂缝开展深度与作用次数的关系,可以隐约发现存在一个特征深度,当裂缝开展超过此深度后,裂缝扩展速率急剧增大,这个深度大约在 1in(2.5cm)左右。这种现象意味着在这个特征深度以下采取延缓裂缝开展的措施可能会起到事半功倍的效果。

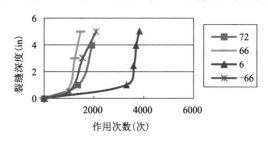

图 8-21　裂缝开展深度与作用次数的关系

试验过程中又观察到,两幅试验段裂缝平均开展 1in(2.5cm)分别加载了 158 次和 126 次。美国工程界习惯将反射裂缝扩展速率按 1in(2.5cm)/年来估算,若按一年中最不利的 2 个月共 60 个温度循环推算,相当于 1in(2.5cm)/60 次。与本次观察到的开展速率相比,仅考虑温度作用这个速率相对较为保守。

8.3.2　断裂与能量耗散

沥青混凝土这种黏弹性松弛材料的开裂行为可以从材料内部能量耗散的角度进行研究。图 8-22a)是沥青层不同厚度处的应变计记录到的应变,显示当裂缝从底部往表面开展时,开裂应变从 1900με 减小到 600με,提示材料中的应变能随着裂缝的扩展而逐步释放。这种现象也反映在如图 8-22b)所示的伺服加载系统施加的水平驱动力的衰减过程中:伴随着裂缝的开展,液压系统所提供的水平驱动力呈衰减态势,外力为克服断裂阻力所做的功也在不断衰减,反映了材料内部应变能正逐步耗散。

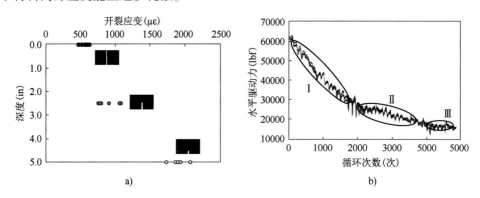

图 8-22　不同深度应变计记录的开裂应变和系统水平力

反射裂缝的能量耗散过程还体现在应变能与断裂能随加载次数的衰减曲线上。如图 8-23a)所示:在尚未萌生宏观裂缝的微观裂隙阶段,按式(8-6)算出的沥青层开裂前的应变能 $U_{undamaged}$ 与按式(8-7)算出的开裂后的应变能 $U_{damaged}$ 几乎重合;随着裂缝萌生 $U_{undamaged}$ 与 $U_{damaged}$ 开始分离,都表现出衰减趋势,表明沥青层所储藏的应变能正逐步耗散,$U_{undamaged}$ 与 $U_{damaged}$ 的差值即开裂断面所损失的应变能随着加载次数的增加而逐渐增大;当裂缝贯穿厚度之后,二者差值保持不变,沥青层完全断裂时 $U_{damaged}$ 降至零。图 8-23b)显示断裂能也随着加载次数而降低,也就是说促使沥青层发生断裂的外力做功逐渐减小,反过来说明沥青层内部的应变能正在逐步耗散。

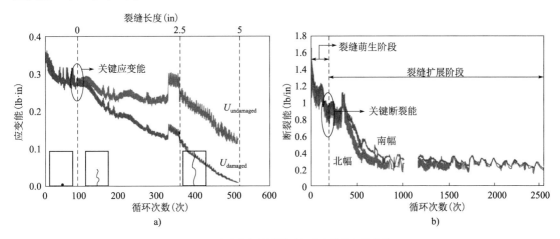

图 8-23　应变能与断裂能随加载次数的变化曲线

8.3.3　应变释放夹层

大量工程经验表明,在沥青加铺层与水泥混凝土道面板之间设置一层具有特殊功能的夹层对于延缓反射裂缝破坏有明显效果。这种夹层根据不同的力学机理分为硬化型和软化型,硬化(加强)型夹层由刚度较大的材料组成,包括土工格栅、玻璃纤维、聚合物格栅、土工合成材料等,当裂缝扩展至硬化型夹层底部时,由于该夹层的存在使裂缝由向上扩展变为沿接触面的层间扩展,最终引起夹层和下卧层之间的剪切破坏。

实践中得到广泛应用的是软化型夹层,也称应变释放夹层,由刚度低变形大的材料组成,包括细粒式沥青混凝土 AC2.5、橡胶沥青膜、无纺织物以及一种应力吸收型的复合夹层(该夹层由无纺织物、沥青膜和低模量高延性的沥青混合料组成)。当接缝产生位移时,这种夹层可以通过自身较大的变形耗散掉接缝位移产生的大部分能量,从而起到延缓裂缝扩展的效果。软化型夹层可选用薄夹层[厚度不到 2in(5.1cm)]或厚夹层[厚度超过 3in(7.6cm)];薄夹层可处理接缝的水平位移,厚夹层还可以处理接缝的垂直位移,然而厚夹层会使加铺层过厚,易产生其他次生的车辙变形等病害。由于开级配沥青混合料易造成水分积聚反而成为道面结构中的薄弱层,夹层不宜选用透水的开级配沥青混合料。

为确定夹层厚度和模量,假定夹层厚度分别为 0.5in(1.3cm)、1in(2.5cm)和 1.5in(3.8cm),夹层材料的动态模量分别为其上沥青加铺层材料的 100%、75% 和 50%,数值模拟发现降低夹层的刚度比增加夹层厚度对于降低接缝周围层间拉应力的效果要明显得多,一旦夹层模量降至 50%,三种厚度下的最大拉应力几乎一致,因此夹层厚度定为 1in(2.5cm),夹层与加铺层模量比为 50%。

第三轮室内足尺试验从 2014 年 6 月 3 日开始至 7 月 30 日结束,主要为了解应变释放型夹层在延缓反射裂缝过程中的表现。试验段沿用双幅模式,北幅沥青层厚 5in(12.7cm)不设夹层,南幅设置 1in(2.5cm)厚的软化型夹层,上面的沥青层厚 4in(10.2cm)。试验中的应变释放型夹层采用沥青含量较高的细粒式聚合物改性沥青混凝土,与加铺层选用的 PG64-22 沥青不同的是夹层沥青选用的是针入度更大的 PG76-22 沥青,夹层沥青混合料的体积指标如表 8-2 所示。

夹层沥青混合料的体积指标 表 8-2

油石比(%)	毛体积相对密度(g/cm³)	混合料最大相对密度(g/cm³)	空隙率(%)	VMA(%)
7.9	2.326	2.450	5.046	20.48

图 8-24a)表示应变计记录到的应变变化情况,当设置夹层之后相同深度处的应变(虚线)都相应增大了,耗散能量也进一步提高。与其他横跨裂缝的应变计记录到的应变信号急剧上升相反,SG11 的应变出现了陡降,该应变计布设于距离裂缝 0.5in(1.3cm)的加铺层底部,裂缝萌生后 SG11 显示加铺层底部应力得到了释放,最大应力从加铺层底移至夹层底部。

由于南北幅沥青加铺层厚度不同(不计夹层厚度),图 8-24b)中的裂缝长度是经标准化后的长度(裂缝长度除以加铺层厚度),可见在裂缝开展早期夹层能有效延迟裂缝扩展,但随着裂缝开展这种延缓效应会逐步减小。对于接缝水平运动引起的反射裂缝,设置 1in(2.5cm)厚的夹层能将加铺沥青层寿命有效延长约 15%,且整个过程中夹层基本保持完好,能够阻止水分下渗到接缝中并防止沥青混合料与水泥混凝土表面发生剥离。

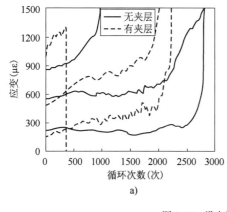
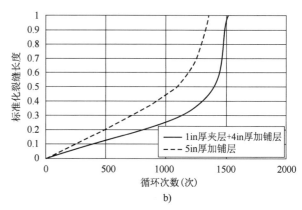

图 8-24 设夹层后的应变响应与裂缝扩展速率

试验中发现的另一个现象是设置夹层后裂缝形态发生了改变。图 8-25a)、图 8-25b)分别表示设夹层和不设夹层的条幅外边缘的裂缝形态。不设夹层的反射裂缝大体上是自下而上的 bottom-up 型。设夹层后加铺沥青层中反射裂缝起初垂直向上,然而仅开展到 0.25in (0.64cm)之后就往水平方向偏转不久后分叉,往上的一条裂缝在开展到 1in(2.5cm)后停止扩展;另一条裂缝继续与水平面成锐角往上开展,这种斜向裂缝表明设夹层后沥青加铺层反射裂缝不再是单纯的 I 型张拉裂缝了,还具备了剪切型裂缝的特征,更像是一种混合型裂缝。

此外结合前一阶段观察,试验中裂缝还表现出类似渠化的特征,无论哪个深度记录到的开裂顺序总是由外到内,具有一致的方向性。这是由于条幅内部层间残留的压应力对开裂有一种抵制作用,因而裂缝总是首先在外边缘萌生,然后逐渐向内边缘扩展。

a)

b)

图 8-25　外边缘裂缝形态

8.3.4　反射裂缝开展的唯象学模型

第四轮室内足尺试验于 2015 年 2 月 12 日开始,4 月 6 日结束,目的是探索裂缝长度、反射裂缝扩展疲劳寿命以及裂缝萌生寿命与温度、应变、裂缝扩展速率之间的关系,对以前三轮足尺试验数据为基础建立的唯象学模型进行检验与标定。试验沿用双幅模式,沥青加铺层厚度分别为 5in(12.7cm) 和 7in(17.8cm),但试验中发现 7in(17.8cm) 厚的沥青层内发生了层间剪切破坏,该幅随之作废,只剩下北幅的试验数据有效。为追踪裂缝扩展情况,如图 8-26 所示将沥青加铺层划分为 5 层,每层分别布设有监测裂缝开展深度的应变计、温度传感器或者裂缝探测计。

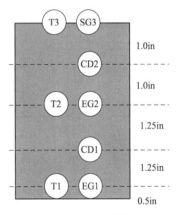

图 8-26　第四轮室内足尺试验中
传感器的布设

在垂直方向反射裂缝疲劳破坏包括裂缝的萌生、扩展和破坏三个阶段,破坏的标志是形成首条贯穿加铺层厚度的裂缝,建立反射裂缝开展唯象学模型的任务就是从现象角度描述上述过程,它包括以下四个子模型:

(1)温度分布模型,研究温度在不同深度的分布规律;

(2)开裂应变模型,研究材料在不同深度发生开裂时的应变规律;

(3)反射裂缝扩展速率模型,研究反射裂缝在不同深度的扩展速率;

(4)反射裂缝疲劳寿命模型,研究反射裂缝萌生到破坏的疲劳寿命。

以上模型只研究裂缝在垂直方向上的扩展规律,不考虑裂缝在横向的扩展。

1.温度分布

在前四轮室内足尺试验中,沥青层与水泥混凝土层之间的温度一直由 TESS 系统有效控制在设定温度附近,表面接近环境气温,但沥青层中存在温度梯度,不同深度处的温度分布的近似计算见式(8-14):

$$T = 0.1151D^2 - 1.7402D + 33.133 \tag{8-14}$$

式中：D——沥青加铺层中的深度(in)。

2. 开裂应变与反射裂缝扩展速率

开裂应变被认为只与温度有关,与温度的关系如图 8-27 所示,表现出类似指数关系的特征,开裂应变的近似计算见式(8-15):

$$\varepsilon_c = 676491 \exp(-0.213T) \tag{8-15}$$

反射裂缝扩展速率是开裂应变的函数,可采用如图 8-27 所示的指数式模型,其计算见式(8-16):

$$\frac{d\alpha}{dN} = 1867(\varepsilon_c)^{-1.967} \tag{8-16}$$

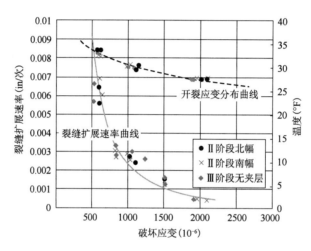

图 8-27　开裂应变-温度与裂缝扩展速率-破坏应变关系曲线

本轮试验中裂缝参数的实测值与预测值如表 8-3 所示,表中显示当裂缝逐渐开展时,作用次数随厚度的增加而增长的边际效应逐渐递减,表明当沥青层达到一定厚度之后仅靠增加沥青层厚度来提高疲劳寿命的做法收效甚微。

裂缝参数的实测值与预测值　　　　　　　　　　　　　　　　　　　　表 8-3

沥青层有效厚度（in）	裂缝长度（in）	温度（℉）			破坏应变（με）		裂缝扩展速率 CPR（in/次）		分阶段作用次数 N_f		累积疲劳作用次数 N_{total}	
		实测	预测	标定后	实测	预测	实测	预测	实测	预测	实测	预测
0	5	35.1	33.1	34.8	495	406	0.0081	0.0138	31	18	2318	2060
0.25	4.75	—	32.7	34.4	—	444	0.0071	0.0116	123	76	2287	2042
1.125	3.875	—	31.3	33	—	597	0.0055	0.0065	137	116	2164	1967
1.875	3.125	—	30.3	32	—	745	0.0038	0.0042	33	30	2027	1851
2	3	31.9	30.1	31.8	811	772	0.0036	0.0039	209	192	1994	1821
2.75	2.25	—	29.2	30.9	—	934	0.0025	0.0027	203	186	1785	1629

续上表

沥青层有效厚度（in）	裂缝长度（in）	温度（℉）			破坏应变（με）		裂缝扩展速率CPR(in/次)		分阶段作用次数 N_f		累积疲劳作用次数 N_{total}	
		实测	预测	标定后	实测	预测	实测	预测	实测	预测	实测	预测
3.25	1.75	—	28.7	30.4	—	1044	0.002	0.0022	439	406	1582	1442
4.125	0.875	—	27.9	29.6	—	1233	0.0015	0.0016	255	241	1143	1036
4.5	0.5	29.1	27.6	29.3	1344	1309	0.0013	0.0014	398	362	888	795
裂缝萌生寿命 N_{ini}									490	433	490	433

将裂缝扩展速率建立在应变基础上带来的一个缺陷就是无法反映沥青混合料的自愈合特性,导致预测的裂缝扩展速率总是高于实测值,使沥青层疲劳寿命低于实测值。当温度升高时,沥青材料中的裂缝有时可以自动愈合,但愈合后的断裂能会降低。这种损伤修复机制主要与沥青材料的黏弹性有关,包括宏微观裂隙的闭合、空隙的融合和材料的硬化等行为。足尺试验中沥青混合料的这种自愈合能力与沥青层中越接近表面越高的温度分布、位移加载间隙等因素关系密切。

3. 反射裂缝萌生寿命

根据表中实测数据,裂缝萌生疲劳寿命 N_{ini} 与扩展阶段的疲劳寿命 N_f 之间的关系见式(8-17):

$$N_{ini} = 0.355 \times N_f^{0.961} \tag{8-17}$$

8.3.5 加铺层厚度对反射裂缝的影响

第五轮室内足尺试验从 2017 年 3 月 3 日开始至 3 月 20 日结束,目的是了解厚加铺层在设定温度条件下的表现(第四轮试验中厚沥青层因出现层间滑移而失效)以及极端低温对沥青层开裂的影响。试验段南北幅的沥青加铺层厚度分别为 6in(15.2cm) 和 3in(7.6cm),每 1.5in(3.8cm) 为一层,分层布设传感器。与以往试验不同,试验中对沥青层表面用隔热材料苫盖以尽量减小沥青层中的温度梯度,维持层内的低温环境。

前几轮试验发现当反射裂缝开展到 3in(7.6cm) 长之后,超过 3in(7.6cm) 以上的厚度对反射裂缝疲劳寿命的贡献并不显著,然而在本轮试验中并没有发现这种现象。图 8-28 是标准化后的裂缝长度随荷载作用次数的变化曲线,可以看出南幅偏厚的沥青层对延缓反射裂缝在垂直方向上的扩展有明显效果。实际中厚度的增加对沥青层的积极作用表现在:厚沥青层改变了沥青层中的温度场,降低了水泥混凝土道面板中温度变化的剧烈程度,减小接缝水平位移;对于传荷不良的道面板较厚的沥青层可以保护接缝,减轻接缝病害。

图 8-29 是试验过程中记录的不同厚度加铺层的反射裂缝的垂直和水平开裂过程:图 8-29b)中厚沥青层中的裂缝从下往上一直扩展至表面,而图 8-29a)中薄沥青层的裂缝向上开展到接近表面处停止,与此同时一条次生裂缝从表面向下滋生,到达一半厚度处停止。在两幅加铺层的表面观察到的横向裂缝都是从外边缘萌生并向内边缘扩展,最后形成沿接缝方向的贯通裂缝。

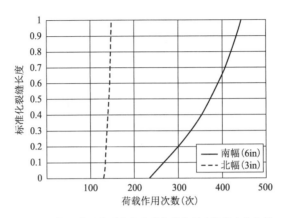

图 8-28 标准化后的裂缝长度随荷载作用次数的变化曲线

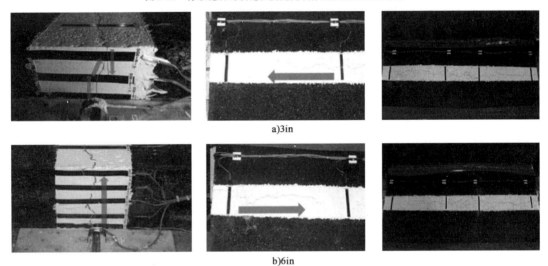

a)3in

b)6in

图 8-29 反射裂缝的垂直和水平开裂过程

裂缝平行于接缝扩展即前面提到的反射裂缝的"渠化"现象,可通过裂缝开展速率 CPR 进行研究,CPR 在某种程度上决定了裂缝开展的方向并影响裂缝的形态。图 8-30 表示试验中裂缝的垂直方向开展速率 CPR_V 和水平方向开展速率 CPR_H。在垂直方向上,南幅厚沥青层的 CPR_V 在不同横坐标处相差不大,而北幅薄沥青层的 CPR_V 在外边缘要比内侧大得多;在水平方向上,厚沥青层的 CPR_H 在不同深度处相差也不大,往底面稍有增大而薄沥青层则相反,越往表面越大。从数值上来看薄沥青层的 CPR_H 约在 0.1 ~ 0.15in(0.25 ~ 0.38cm)/次,外边缘的 CPR_V 与表面的 CPR_H 基本相当;厚沥青层的 CPR_V 在 0.025in(0.064cm)/次左右,CPR_H 在 0.2in(0.51cm)/次左右,水平扩展速率约是垂直扩展速率的 8 倍,考虑到厚沥青层的几何尺寸,宽度 5ft(1.5m)约是厚度 6in(15.2cm)的 10 倍,因此厚沥青层内裂缝在两个方向上的扩展基本同步,而薄沥青层内裂缝在上部的横向扩展速率 CPR_H 要大于下部,这也解释了薄沥青层为何会在内侧边缘表面产生自上而下的裂缝而厚沥青层却没有。沥青层表面和内部开裂作用次数如图 8-31 所示,厚沥青层中的开裂尖端大致是从外边缘底面指向内边缘的表面,薄沥青层中的裂缝在大部分时间里是从外往内平行开展的。

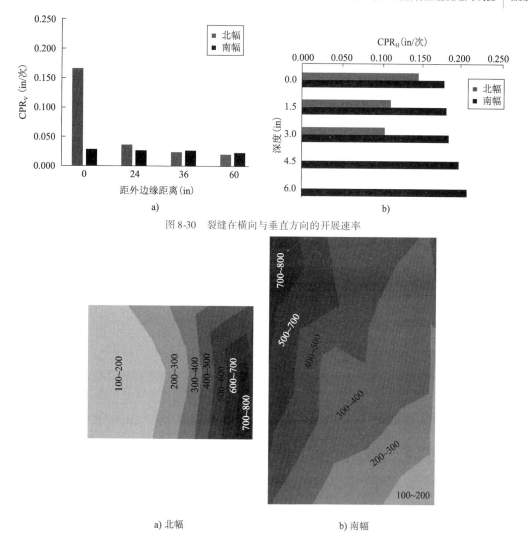

图 8-30　裂缝在横向与垂直方向的开展速率

a) 北幅　　　　　　　　　　　b) 南幅

图 8-31　沥青层开裂作用次数

从图 8-28 与图 8-30 可以看出,虽然增加厚度确实可以在外侧边缘达到延缓裂缝的垂直扩展速率的效果,从而推迟了表面产生裂缝的时间点,然而薄沥青层与厚沥青层中裂缝在表面横向贯通时的加载次数分别为 705 次和 740 次,厚沥青层的作用次数仅比薄沥青层增加了 35 次,增加厚度对延缓沥青层发生整体破坏的贡献并不是太大。这提醒除了要关注反射裂缝在垂直方向上的扩展外,还要考虑其在水平方向的扩展运动。

8.3.6　剧烈降温的影响

第六轮室内足尺试验从 2019 年 6 月 7 日开始至 8 月 5 日结束,试验为模拟剧烈降温对反射裂缝的影响,以 360 个加载循环为一个大循环,前面的 330 个加载循环仍沿用前几轮试验中的加载位移参数,后面 30 个加载循环模拟急剧降温效果,采用加速加载模式将位移函数的周期缩减到约为原来的一半:加载过程由 150s 缩至 70s,间歇时间也由 600s 缩至 300s,整个试验过程中这种大周期的加速加载循环共实施 4 次。试验段南北幅加铺层厚度均为 5in（12.7cm）,试验全程沥青层用隔热材料覆盖。

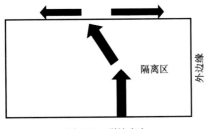

图 8-32 裂缝变向

南北幅沥青层的破坏过程与前几轮试验大体相似。值得注意的是南幅的外边缘也出现了与第三轮试验中类似的裂缝沿横向水平扩展的现象[图 8-25a)]，裂缝变向如图 8-32 所示。反射裂缝最初从底面萌生后向上垂直开展到一定深度后发生"变向"，转过一个角度继续向表面延伸，裂缝到达表面后分别向前后延伸，而表面那条向外边缘扩展的裂缝并未贯通，在外边缘附近形成了一个无裂缝的"隔离区"。裂缝的这种"变向"行为可能是垂直张拉裂缝的"渠化"效应与沥青层内部层间的水平剪切力共同作用的结果。

"剧烈降温"的效果集中体现在如图 8-33a) 和图 8-33b) 所示的应变能、断裂能曲线的"突变"上。从图上看两段曲线均出现了跳跃，加速加载过程中的应变能与断裂能的均值比加速加载前的均值都有所增长(只比较 30 个周期)，加速加载结束后的均值比加速加载过程中的均值都有所降低，且降低的幅度大于增长的幅度，表明剧烈降温加速了沥青层的能量耗散，缩短了开裂疲劳寿命。若将试验全程中的四个加速加载过程比较起来看，这种起伏(包括增幅和降幅)程度越往后越小，表明随着裂缝的开展，剧烈降温对沥青层的影响正逐渐减小。

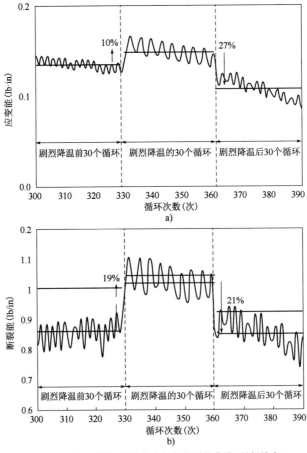

图 8-33 "降温周期"中的应变能与断裂能曲线(局部放大)

8.3.7　基于反射裂缝的疲劳寿命预估模型

实践表明温度诱发的反射裂缝大多数属Ⅰ型裂纹,少数属混合型。研究Ⅰ型裂纹的 Griffith 理论和 Irwin 理论只能考虑裂纹沿原裂纹面方向扩展的情况。在实际中当考虑飞机起落架作用时沥青加铺层中除水平方向的拉应力外,垂直方向上的剪应力也不能忽视,此时的反射裂缝就不再是单纯由温度诱发的Ⅰ型裂纹了,而同时包含了在垂直剪切作用下形成的Ⅱ型裂纹,是一种混合型裂纹。判断混合型裂纹的断裂准则为最大能量释放率原则,作为 Griffith 理论的推广,它不再假设裂纹沿原始裂纹面方向发展,而认为裂纹沿能量释放率最大的方向发展。

1.裂缝萌生的能量判据

根据线弹性材料断裂力学,加卸载过程所提供的能量被转化为裂纹扩展形成的新表面的表面能和塑性变形功。单位面积消耗的应变能称之为应变能释放率 U。当应变能释放率 U 超过临界值 U_c,就可以判定材料发生开裂。临界应变能释放率值 U_c 可通过试验测出,与受力状态及裂纹的几何因素无关。平面应变情况下Ⅰ、Ⅱ型裂纹的应变能释放率 U 与应力强度因子的关系见式(8-18)、式(8-19):

$$U_{\mathrm{I}} = \frac{1-\mu^2}{E}K_{\mathrm{I}}^2 \tag{8-18}$$

$$U_{\mathrm{II}} = \frac{1-\mu^2}{E}K_{\mathrm{II}}^2 \tag{8-19}$$

式中: K_{I}、K_{II}——Ⅰ型、Ⅱ型应力强度因子。

从第六轮试验中测得的图8-23中的应变能释放率和断裂能的临界值分别为 $U_c = 0.23\mathrm{lb} \cdot \mathrm{in}$ $(0.026\mathrm{N} \cdot \mathrm{m})$、$G_c = 0.9\mathrm{lb/in}(157.5\mathrm{N/m})$。

2.反射裂缝扩展模型

根据以上的应变能断裂能释放率 U、G 与应力强度因子 K 的关系,Paris 公式可被改写成如式(8-20)所示的 Paris-Erdogan 公式:

$$\frac{\mathrm{d}a}{\mathrm{d}N} = A(\Delta U)^n \tag{8-20}$$

或者用断裂能释放率 ΔG 代替应变能释放率 ΔU,见式(8-21):

$$\frac{\mathrm{d}a}{\mathrm{d}N} = A'(\Delta G)^{n'} \tag{8-21}$$

式中: A、A', n、n'——与材料有关的常数,通过试验测定。

在第六轮室内足尺试验中,对表面和边缘剖面裂缝开展过程进行了密切跟踪,对裂缝的开展顺序、形态、长度和位置等信息做了详细的记录。表8-4列出了反射裂缝开展的分阶段计算过程,表中的作用次数取北幅的内外边缘和南幅的内边缘三个截面(南幅的外边缘裂缝未贯穿故不统计)记录到的不同裂缝长度所对应的作用次数的平均值。

反射裂缝开展分阶段计算过程   表 8-4

a(in)	N	Δa	ΔN	G(lb/in)	ΔG(lb/in)
1.125	373	1.125	135	0.84	0.36
2.25	508	1.25	472	0.48	0.225
3.5	980	0.75	435	0.255	0.019
4.25	1415	0.75	522	0.236	0.016
5	1937			0.22	

拟合后的曲线如图 8-34a) 所示。当选用断裂能释放率指标 ΔG 时 $A = 0.008$，$n = 0.4213$。反射裂缝开展深度与作用次数关系如图 8-34b) 所示，裂缝开展深度曲线所表现出来的趋势与图 8-21 中实测的趋势完全一致。当采用应变能释放率指标时 $A' = 0.0326$，$n' = 0.3821$。

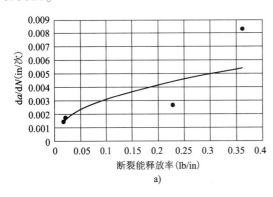
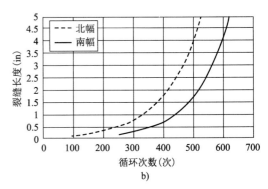

图 8-34　裂缝开展速率、裂缝开展深度曲线

从受力分析的角度，在道面结构断裂研究中应用最广泛的是应力强度因子，本次之所以没有选择应力强度因子指标除了该指标无法实测之外也是为了使模型的适用性更广，因为最终是要建立一个适用于温度与飞机荷载共同作用的反射裂缝开裂模型。之所以没有选择应变指标，一是由于试验中开裂应变指标的确定带有较大的主观性；二是由于对沥青混合料这种黏弹性材料来说，仅通过应变来判断材料是否开裂无法反映沥青材料的时间依赖性和自愈合特性。该模型的成功建立在于选择了便于测量的能量指标，建立了裂缝开展速率 da/dN 与能量变化率 ΔU、ΔG 之间的关系，既可以应用相关断裂力学理论建立力学关系又方便开展数值计算。目前大多数通用的有限元程序均可以基于能量释放率对开裂过程进行数值模拟。但基于能量的裂缝开展模型原则上只适用于线弹性体的脆性破坏，沥青混合料在断裂过程中的应变能除了一部分转化为断裂面的表面能之外，还有一部分用于黏弹性体的塑性变形转化为热量形式（塑性变形功），很难将其完全区分开来，因而该模型还需结合后续的室外试验加以验证。

8.3.8　室外试验

室外足尺试验场地是一条长 155ft（47.2m）、宽 15ft（4.6m）的试验段，包括专门用来测试室外温度效应的 TO 段和用来测试温度与荷载耦合效应的 TT 段。每个区段包括 6 块 10ft ×

10ft(3.0m×3.0m)大小的水泥混凝土道面板。试验段结构为3in(7.6cm)厚P401加铺层、9in(22.9cm)厚P501水泥混凝土、8in(20.3cm)厚P154垫层。假缝有不设传力杆和设传力杆两种,加铺层表面和内部布设有应变、位移和温度传感器。

室外试验包括应变响应测试、原位测试、加载试验等内容。根据以往经验,灵敏脆弱的应变计极易在施工和试验过程中遭损坏,应变响应测试是为了解应变计的工作状态而采用较小荷载[10000lbf(45360N)]进行的摸底调查。正式加载只在TT段进行,荷载采用40000lbf(181430N)的单轮,同时利用加铺层表面和东西边缘侧面正常工作的应变计了解监测沥青层内部的裂缝开展情况。正式加载前后还要根据HWD弯沉检测数据了解掌握道面的结构状况和完好程度。

第一轮荷载试验于2020年2月11日开始18日结束,荷载通行了2976次,试验第二天(496次以后)在TT34(3、4块板之间的接缝,其余类推)、TT45、TT56接缝附近的边缘侧面发现了3条裂纹,除TT45接缝上的裂纹向上开展了1.4in(3.6cm)之外,其余接缝的裂纹均集中在加铺层底部且都是平行于底面的横向裂纹。第二轮试验因新冠疫情暂停一年后于2021年4月19日重启,23日结束,荷载共通行了2480次。试验开始前发现原先的表面应变计全部失效,于是更换了所有的表面应变计,而内部应变计只有其中两个存活下来。本轮加载过程中只在TT56接缝处产生了一条没有延伸至表面的bottom-up型裂缝,其余新增的大部分裂缝都不是在加载阶段产生的。第三轮荷载试验从2022年3月4日持续到17日,荷载共通行了10416次,试验前又更换了所有的表面应变计,此时内部应变计只剩唯一一个仍有效。从上一轮加载结束至本轮加载结束,试验段侧面裂缝(包括横向、斜向和垂直方向)有所增加,但均不是在加载过程中产生的。

1. 加铺层内的温度分布与接缝水平位移

室内外环境最大的差别在于温度,尤其是温度梯度,室内的TESS系统通过控制水泥混凝土道面板的温度将沥青层底面温度维持在设定的32℉(0℃),由于这一温度通常要低于室内气温,因此沥青层内的温度梯度为负(表面高于底面温度)。室外则不然,实测资料表明沥青层的表面接近气温,冬季的底面温度比直接暴露在大气中的表面温度高,这种情况下的温度梯度为正,与室内正好相反。

由于气温的最大温差一般出现在春秋两季,极端低气温出现在冬季,特选取2021年4月23日和2020年2月16日来观测加铺层结构中的温度分布,预埋于结构层中不同深度处的温度传感器记录下的2021年4月23日的温度显示:当天气温在38~75℉(3.3~23.9℃),温差37℉(20.6℃);而距离沥青层表面3in(7.6cm)处的温度约在40~98℉(4.4~36.7℃)浮动,温差达58℉(32.2℃)远大于气温;水泥混凝土中的温差也超过10℉(5.6℃),这种温度梯度容易导致混凝土板出现翘曲;再往下越深温差越小,不同时刻温度曲线汇聚于61℉(16.1℃)。与此形成对照的是在2020年2月16日,沥青层中最大温差才15℉(8.3℃),水泥混凝土层中的最大温差不足4℉(2.2℃)。根据预埋在接缝处的位移传感器的记录,TO段接缝开口宽度呈现出与气温类似的正弦变化但并不同步,往往在气温最高时扩大而气温最低时收缩,这是热传导过程中的相位差所致。

为了捕捉接缝水平位移与温度变化之间的关系,每隔1h收集TO段和TT段的接缝水平位移与温度变化的分时数据,如图8-35所示:TO段和TT段的接缝水平位移RJD$_{temp}$与温度变化RTC近似呈负相关关系,RJD$_{temp}$在−11.4~16.1mil(−0.29~0.41mm),接缝水平位移方程见式(8-22):

$$
\begin{cases}
不设传力杆: \mathrm{RJD}_{\mathrm{temp}} = -0.282\mathrm{RTC} + 0.0005 \\
设传力杆: \mathrm{RJD}_{\mathrm{temp}} = -0.414\mathrm{RTC} + 0.0013
\end{cases}
\tag{8-22}
$$

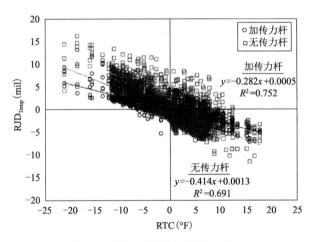

图 8-35　接缝水平位移与温度变化关系

为了将温度与荷载作用分离,从 TT 段的实测接缝水平位移中减去按式(8-22)求出的 $\mathrm{RJD}_{\mathrm{temp}}$ 可得到仅在荷载作用下的接缝水平位移 $\mathrm{RJD}_{\mathrm{traffic}}$,不设传力杆的接缝 $\mathrm{RJD}_{\mathrm{traffic}}$ 约在 $-4.22\sim1.71\mathrm{mil}(-0.11\sim0.043\mathrm{mm})$,设传力杆的 $\mathrm{RJD}_{\mathrm{traffic}}$ 约在 $-1.65\sim1.07\mathrm{mil}(-0.042\sim0.027\mathrm{mm})$,可见荷载对接缝水平位移的影响比温度小得多,且传力杆有助于减小接缝的水平位移。

2. 室外加铺层应变分布

图 8-36a)、图 8-36b)分别表示不设传力杆的横缝 TT23 与设传力杆的横缝 TT12 处的应变计记录下的应变值,可以看出是否设传力杆对加铺层中的应变分布具有一定影响:无传力杆接缝处的沥青层表面、中间和底部的应变随着荷载作用次数增长而逐渐稳定,而设有传力杆的接缝处沥青层表面、中间和底部的应变在加载过程中除了随温度稍有起伏之外大体上比较稳定变动不大。

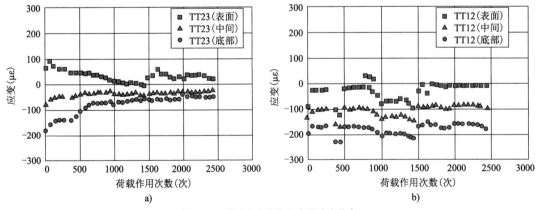

图 8-36　不同形式接缝的应变响应分布

最反常的一个发现是 TT23 上的沥青层表面出现了拉应变而底面出现了压应变,而设传力杆的 TT12 上的加铺层内都是压应变。考虑到试验段水泥混凝土板厚才 9in(22.9cm),在 40000lbf(181430N) 单轮荷载作用下 TT23 处沥青层上拉下压的应力分布可能是由于受荷板相对于未受荷板在接缝处发生的较大的向下的垂直位移与温度诱发的水平位移叠加的结果。

第三轮试验中发现的加铺层温度分布、接缝水平位移,以及应变分布规律与第二轮试验中的结果大体一致。综合室外试验中的裂缝记录,接缝水平位移与实测应变等指标来看,在反射裂缝萌生扩展过程中荷载与温度相比只能算是一个次要因素,就目前的发现而言室外环境中温度仍是诱发反射裂缝的主导因素。

参 考 文 献

［1］ Ahlvin R G. Origin of developments for structural design of pavements［R］. ARMY ENGINEER WATERWAYS EXPERIMENT STATION VICKSBURG MS GEOTECHNICAL LAB, 1991.

［2］ Westergaard H M. Stresses in concrete pavements computed by theoreticalanalysis［J］. Public Roads, 1926.

［3］ Westergaard H M, Holl D L, Bradbury R D, et al. Stresses in concrete runways of airports［J］. Highway Research Board Proceedings, 1940, 19.

［4］ Federal Aviation Administration. Airport Pavement Design and Evaluation：AC150/5320-6G ［S/OL］.（2021-06-07）［2022-03-27］. https：// www. faa. gov/documentLibrary/media/ Advisory_Circular/150-5320-6G-Pavement-Design. pdf.

［5］ Federal Aviation Administration. Airport Pavement Design and Evaluation：AC150/5320-6F ［S/OL］.（2016-11-10）.［2021-03-27］. https：// www. faa. gov/documentLibrary/media/ Advisory_Circular/150-5320-6F. pdf.

［6］ Wang Q, David R. Brill Improvements in the application of infinite elements to the NIKE3D program for airport pavement response analysis ［J］. International Journal of Pavement Engineering, 2013, 14（5）:429-439.

［7］ Wang Q, Chen Y. Improvements to Modeling of Concrete Slab Curling by Using NIKE3D Finite Element Program［J］. Transportation Research Record Journal of the Transportation Research Board, 2011, 2226（2226）:71-81.

［8］ Jablonski B, Regehr J, Rempel G. Guide for mechanistic-empirical design of new and rehabilitated pavement structures［J］. Final Report Part Design Analysis, 2001.

［9］ ASTM. Standard Test Method for Airport Pavement Condition Index Surveys, D5340-12, American Standard for Test and Materials, West Conshohocken, PA, 2012.

［10］ Parker F. Development of a structural design procedure for rigid airport pavements［M］. US Army Engineer Waterways Experiment Station, Geotechnical Laboratory, 1979.

［11］ H Yin C Cary, Q Li. Partial Fulfillment of Deliverable 4. 9. 2 Construction Cycle 7 Test Report-Perpetual Pavement and Asphalt Treated Drainable Base Tests［R/OL］.（2020-06-07）［2022-09-12］. https：// www. airporttech. tc. faa. gov/Portals/0/download/airport _ pavement/CC7/CC7％20North/FINAL_TO5_Del％204. 9. 2. 1_CC7％20North％20Traffic％ 20Report. pdf? ver = 1.

［12］ Kesler C E. Fatigue and fracture of concrete［J］. Stanton Walker Lecture, 1970.

［13］ 黄卫. 环氧沥青及其在机场道面工程的应用［M］. 北京：人民交通出版社股份有限公司, 2023. 2.

［14］ Hosang V A. Field Survey and Analysis of Aircraft Distribution on Airport Pavements［J］. Transportation Research Board Special Report, 1975.

［15］ 中国民用航空局. 民用机场水泥混凝土道面设计规范：MH/T 5004—2010［S］. 北京：中

国民航出版社,2010:5.

[16] 中国民用航空局.民用机场沥青道面设计规范:MH/T 5010—2017[S].北京:中国民航出版社,2017,11:49.

[17] 中华人民共和国交通运输部.公路水泥混凝土路面设计规范:JTG D40—2011[S].北京:人民交通出版社,2011,11:40.

[18] 黄卫,钱振东.高等水泥混凝土路面设计理论与方法[M].北京:科学出版社:2000:53-54.

[19] 姚炳卿.机场道面通行覆盖率的计算原理[J].机场工程,2008(4):11.

[20] 赵鸿铎,凌建明,姚祖康.飞机荷载重复作用次数的简化计算方法[J].同济大学学报(自然科学版),2011(5):693-698.

[21] Kawa I. Pass-to-Coverage Computation for Arbitrary Gear Configurations in the FAARFIELD Program[J]. Landing Gear,2012.

[22] Brill D R,Hayhoe G F. Multiple-gear analysis for flexible pavement design in LEDFAA[C]// FAA Worldwide Airport Technology Transfer Conference,2004:1-10.

[23] Federal Aviation Administration. Standard Specifications for Construction of Airports:AC150/5370-10H [S/OL]. (2018-12-21) [2022-11-04]. https://www. faa. gov/documentLibrary/media/Advisory_Circular/150-5370-10H. pdf.

[24] Foster C R,Ahlvin R G. Compaction requirements for flexible pavements[J]. Highway Research Board Bulletin,1961.

[25] 中国民用航空局.民用机场岩土工程设计规范:MH/T 5027—2013[S].北京:中国民航出版社,2013:9.

[26] Rollings R S. Design of Rigid Overlays for Airfield Pavements[R/OL]. (1987) [2021-08-06]. https://drum. lib. umd. edu/bitstream/handle/1903/18900/Rollings_1018295. pdf? sequence = 3.

[27] Federal Aviation Administration. Standardized Method of Reporting Airport Pavement Strength-PCN:AC150/5335-5C [S/OL]. (2014-08-14) [2019-07-04]. https://www. faa. gov/documentLibrary/media/Advisory_Circular/150-5335-5C. pdf.

[28] 中国民用航空局.民用机场道面评价管理技术规范:MH/T 5024—2019[S].北京:中国民航出版社,2019:76-80.

[29] 张扬扬.基于剩余强度的刚性道面 PCN 值分析方法研究[D].天津:中国民航大学,2020:8-9.

[30] Federal Aviation Administration. Standardized Method of Reporting Airport Pavement Strength-PCR:AC150/5335-5D [S/OL]. (2022-04-29) [2022-11-04]. https://www. faa. gov/documentLibrary/media/Advisory_Circular/150-5335-5D-pavement-strength. pdf.

[31] Shen S,Carpenter S H. Development of an asphalt fatigue model based on energy principles [J]. Asphalt Paving Technology:Association of Asphalt Paving Technologists-Proceedings of the Technical Sessions,2007,76:525-573.

[32] Brown E R,Kandhal P S,Zhang J. Performance testing for hot-mix asphalt[J]. Transportation

Research E-Circular,2004.

[33] Transportation Programs, Gemini Technologies, Inc. Partial Fulfillment of Deliverable 4. 9. 2 Construction Cycle 7 Test Report-Overload Test[R/OL]. (2016-04) [2022-09-12]. https：// www. airporttech. tc. faa. gov/Portals/0/download/airport_pavement/CC7/CC7% 20South/ DO% 20005% 20Deliverable% 204. 9. 2% 20Overload% 20Test% 20Report% 20Final. pdf? ver = 1.

[34] Horizon Engineering Consulting LLC. Construction Cycle 8 Phase 4 Strength/Fatigue Traffic Test Report-Outer Lane[R/OL]. (2020-10-14) [2022-02-13]. https：// www. airporttech. tc. faa. gov/Portals/0/download/airport_pavement/CC8/FINAL_TechNote_TO5_4. 9. 2. 6. 1% 20CC8% 20SF% 20Traffic% 20Test% 20Report. pdf? ver = 1.

[35] CSRA International,Inc. Construction Cycle8；Phase I Test Report[R/OL]. (2017-02) [2022-10-13]. https：// www. airporttech. tc. faa. gov/Portals/0/download/airport_pavement/CC8/CC8% 20Phase% 201% 20Comprehensive% 20Report. pdf? ver =2018-10-10-110325-417.

[36] Cary C,Ahmed M,Yin H. CC8 Phase 3 Joint Comparison Traffic Test Report[R/OL]. (2020-03-17) [2022-12-7]. https：// www. airporttech. tc. faa. gov/Portals/0/download/airport_ pavement/CC8/FINAL_TO05_Deliverable% 204. 9. 2. 5_CC8% 20_Joint% 20Comparison_ Traffic% 20Report. pdf? ver = 1.

[37] Ioannides A M,Hammons M I. Westergaard-type solution for edge load transfer problem[J]. Transportation Research Record,1996,1525(1)：28-34.

[38] Crovetti J A. Design and evaluation of jointed concrete pavement systems incorporating free-draining base layers[M]. University of Illinois at Urbana-Champaign,1994.

[39] Cary C,Ahmed M,Yin H. Construction Cycle 8 Phase II Overlay Testing Report [R/OL]. (2018-07-12) [2022-11-24]. https：// www. airporttech. tc. faa. gov/Portals/0/download/ airport_pavement/CC8/CC8% 20Phase% 202% 20Comprehensive% 20Report. pdf? ver =2018-10-10-110605-627.

[40] Ioannides A M,Khazanovich L,Becque J L. Structural evaluation of base layers in concrete pavement systems[J]. Transportation Research Record,1992(1370).

[41] 朱春福,程培峰,赵广宇. 荷载与温度耦合作用下"白加黑"复合式路面沥青加铺层的受力分析[J]. 中外公路,2020,40(2)：6.

[42] Nunn M E. An investigation of reflection cracking in composite pavements in the United Kingdom[J]. REFLECTIVE CRACKING IN PAVEMENTS,1989.

[43] General Dynamics Information Technology,Inc. Reflective Cracking Indoor Phase 6 Material Characterization Report[R/OL]. (2020-01) [2022-07-08]. https：// www. airporttech. tc. faa. gov/Portals/0/download/airport_pavement/Reflective_Cracking/Phase_6/v3_TO15% 20Deliverable% 204. 10. 2. 2_RC% 20Indoor% 20Ph6% 20Mat% 20Char% 20Report. pdf？ ver =2020-08-14-153509-180.

[44] Paris P. A critical analysis of crack propagation laws[J]. J Basic Eng,1963,85.

[45] Zhou F, Hu S, Hu X, et al. Mechanistic-empirical asphalt overlay thickness design and

analysis system[R]. Texas Transportation Institute,2009.

［46］ General Dynamics Information Technology. Deliverable 4. 10. 2. 1 Reflective Cracking Indoor Phase VI Comprehensive Report [R/OL]. (2019-11) [2022-08-08]. https：// www. airporttech. tc. faa. gov/Airport-Pavement/NAPTF/Reflective-Cracking-Program/Reflective-Cracking-Indoor-Phase-5.

［47］ Hao Yin,Renaldo Aponte,Ryan Rutter. Reflective Cracking Phase I Comprehensive Report [R/OL]. (2016-04) [2022-07-08]. https：// www. airporttech. tc. faa. gov/Airport-Pavement/NAPTF/Reflective-Cracking-Program/Reflective-Cracking-Indoor-Phase-1.

［48］ CSRA. Deliverable 4. 10. 5. 2 Reflective Cracking Phase II Comprehensive Report[R/OL]. (2017-04) [2022-08-08]. https：// www. airporttech. tc. faa. gov/Airport-Pavement/NAPTF/Reflective-Cracking-Program/Reflective-Cracking-Indoor-Phase-2.

［49］ Hao Yin,Renaldo Aponte,Ryan Rutter. Deliverable 4. 10. 5. 3 Reflective Cracking Phase III Comprehensive Report[R/OL]. (2016-04) [2022-08-08]. https：// www. airporttech. tc. faa. gov/Airport-Pavement/NAPTF/Reflective-Cracking-Program/Reflective-Cracking-Indoor-Phase-3.

［50］ Mesbah Ahmed, Mir Arefin, Hao Yin. Reflective Cracking Outdoor Phase I Comprehensive Report Part B-Test Report[R/OL]. (2020-08) [2022-07-08]. https：// www. airporttech. tc. faa. gov/Portals/0/Download/airport_pavement/Reflective_Cracking/Outdoor_Phase_1/Final_v2_TO15_4. 10. 3. 1_RC%20Outdoor%20Ph1%20Part%20B. pdf? ver = 1.

［51］ Applied Research Associates,Inc. Reflective Cracking Support RCOD Phase 2 Test Data and Comprehensive Report[R/OL]. (2021-12) [2022-07-08]. https：// www. airporttech. tc. faa. gov/Portals/0/download/D%205. 4. 11%20RCOD%20Phase%20II%20Test%20Data%20and%20Comprehensive%20Report-REV2-Clean_20211222. pdf.

［52］ Model H T. Climatic-Materials-Structural Pavement Analysis Program[J]. TRANSPORTATION RESEARCH RECORD,1986, 1095：111.

［53］ Larson G,Dempsey B J. Enhanced integrated climatic model Version 2. 0[J]. DTFA MN/DOT 72114,1997.

［54］ Zhang D,Zhang Z. Evaluation of Geonet Reinforcement in Resisting Reflective Cracking of Asphalt Pavement[C]// International RILEM conference on reflective cracking in pavements research in practice. Xi'an Highway University,China,2000.

［55］ Brown S F,Thom N H,Sanders P J. A study of grid reinforced asphalt to combat reflection cracking (with discussion)[J]. Journal of the Association of Asphalt Paving Technologists, 2001,70.

［56］ 赵建生. 断裂力学及断裂物理[M]. 武汉：华中科技大学出版社,2003：161.

［57］ Paris P C,Erdogan F A. Critical analysis of crack propagation laws. Trans ASME J Basic Eng [J]. Journal of Basic Engineering,1963,D 85(4)：528-534.

［58］ General Dynamics Information Technology,Inc. National Airport Pavement Construction Cycle (CC1) Comprehensive Report[R/OL]. (2019) [2022-06-22]. https：// www. airporttech.

tc. faa. gov/Portals/0/download/airport _ pavement/CC1/Construction% 20Cycle% 201% 20（CC1）% 20Final% 2012_02_2019. pdf? ver =2019-12-10-084238-370.

［59］ Daiutolo H. Control of slab curling in rigid pavements at the FAA national airport pavement test facility［C］//APT′08. Third International Conference，2008.

［60］ Francisco E J. Prediction of Potential Cracking Failure Modes in Three-Dimensional Airfield Rigid Pavements with Existing Cracks and Flaws：［J］. Transportation Research Record，2018，2266（1）：11-19.

［61］ Jr F E，Roesler J. Top-Down Cracking Predictions for Airfield Rigid Pavements［J］. Transportation Research Record：Journal of the Transportation Research Board，2009，2095（1）：13-23.

［62］ Rollings R S. Design of overlays for rigid airport pavements［R］. Design of Overlays for Rigid Airport Pavements，1988.

［63］ Brill D R，Hayhoe G F，Ricalde L. Analysis of CC2 Rigid Pavement Test Data From the FAA′s National Airport Pavement Test Facility［C］// Proceedings of the international conferences on the bearing capacity of roads，railways and airfields. 2005.

［64］ Brill D R. Calibration of FAARFIELD rigid pavement design procedure［J］. Federal Aviation Administration，2010.

［65］ Federal Aviation Administration. FAARFIELD1. 3 ［CP/OL］.（2010-09-28）［2022-05-30］. https：// www. faa. gov/airports/engineering/design_software/previous.

［66］ Federal Aviation Administration. FAARFIELD2. 0 ［CP/OL］.（2020-10-28）［2022-05-30］. https：//www. airporttech. tc. faa. gov/Products/Airport-Safety-Papers-Publications/Airport-Safety-Detail/ArtMID/3682/ArticleID/2841/FAARFIELD.

［67］ Federal Aviation Administration. COMFAA3. 0 ［CP/OL］.（2014-08-14）［2021-01-30］. https：//www. airporttech. tc. faa. gov/Products/Airport-Safety-Papers-Publications/Airport-Safety-Detail/ArtMID/3682/ArticleID/10/COMFAA.

［68］ Federal Aviation Administration. ICAO-ACR1. 3 ［CP/OL］.（2020-03-16）［2021-01-30］. https： // www. airporttech. tc. faa. gov/Products/Airport-Pavement-Papers-Publications/Airport-Pavement-Detail/icao-acr-13.

［69］ 翁兴中，蔡良才. 机场道面设计［M］. 北京：人民交通出版社，1995.

［70］ 姚祖康. 沥青路面结构设计［M］. 北京：人民交通出版社，2011：242-271.

［71］ 姚祖康. 水泥混凝土路面设计［M］. 合肥：安徽科学技术出版社，1999：35.

［72］ Rezaei-Tarahomi A，Kaya O，Ceylan H，et al. Neural networks based prediction of critical responses related to top-down and bottom-up cracking in airfield concrete pavements［C］// Tenth International Conference on the Bearing Capacity of Roads，Railways and Airfields，2017. DOI：10. 1201/9781315100333-252.